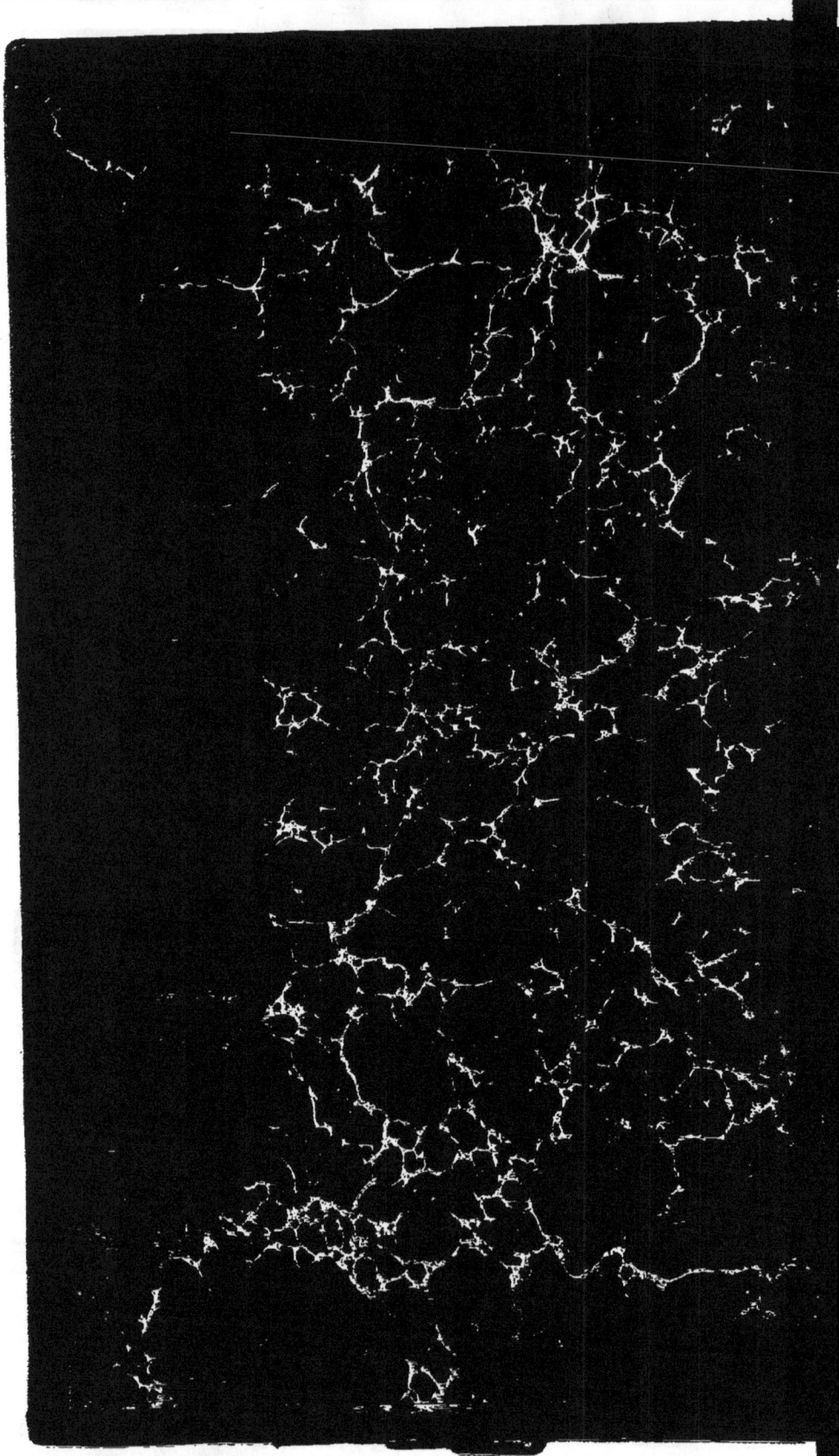

LE MONDE OCCULTE

OU

MYSTÈRES DU MAGNÉTISME

DÉVOILÉS PAR LE SOMNAMBULISME.

PARIS. — DE L'IMPRIMERIE D'AD. BLONDEAU,
Rue du Petit-Carreau, 32.

LE MONDE OCCULTE

OU

MYSTÈRES DU MAGNÉTISME

DÉVOILÉS PAR LE SOMNAMBULISME,

PRÉCÉDÉ D'UNE

INTRODUCTION SUR LE MAGNÉTISME

PAR LE PÈRE LACORDAIRE.

> S'il est une science au monde
> qui rende l'âme visible, c'est sans
> contredit le magnétisme.
> DUMAS.

PAR HENRI DELAAGE.

❖

PARIS,
PAUL LESIGNE, ÉDITEUR,
46, GALERIE VIVIENNE.

—

1851.

INTRODUCTION PAR LE PÈRE LACORDAIRE.

> Je crois fermement, sincèrement,
> aux forces magnétiques.
> LACORDAIRE.

On était au mois de décembre de l'année
1846. Malgré l'épaisse couche de neige qui oua-
tait la terre, une foule nombreuse se pressait
dans la vaste nef de Notre-Dame, avide d'entendre une parole inspirée résoudre éloquemment
le grand problème de ses destinées éternelles.
Bientôt tous les regards se fixèrent vers la chaire
où venait d'apparaître le froc blanc de saint Do-
minique. Le capuchon rabattu laissait voir la
tête rasée du prédicateur, homme au front
élevé, à l'œil vif et inspiré, à la lèvre souriante
et spirituelle, à la physionomie mobile et pas-
sionnée ; tout assistant doué du sens de l'observation reconnaissait facilement en lui un apôtre
possédé de cet infini amour de la divinité qui
sacre au front les prédestinés d'une auréole de
céleste lumière : ce religieux était Lacordaire.
Dès les premiers mots dits d'une voix grêle et
vibrante, il domina les flots de la mer vivante

de têtes brunes et blondes qui baignaient le pied de la chaire, et les tint frémissants et on-doyants sous le souffle puissant de sa parole. C'était un beau spectacle pour le poète que de voir cette réunion de jeunes gens venus de tou-tes les parties de la France à Paris, pour y étu-dier le droit ou la médecine, rassemblés dans une église et apprenant à braver les railleries d'une niaise impiété, et à porter noblement dans le monde un front qui ne rougira plus de servir Jésus-Christ. Lacordaire aborda, ce jour-là, en présence d'un auditoire aussi intelligent, une des questions les plus vivantes du dix-neuvième siècle, le magnétisme; sans souci des attaques injustes auxquelles il s'exposait de la part des esprits arriérés, qui reprochaient déjà publi-quement à sa parole de ne pas être semblable à celle de Bourdaloue, sans s'apercevoir que c'é-tait eux qui avaient commis une faute irrépara-ble, en venant au monde deux cents ans trop tard. Nous allons reproduire les éloquentes pa-roles qu'il prononça en cette solennelle occa-sion; car, nourris de l'esprit de notre siècle, pétris jusqu'à la moelle des os de ses idées, nous sommes soldats des mêmes dogmes, élus de la même vérité, fils de la même éternité, nous vivons, en un mot, du même cœur que l'illustre dominicain. Pleins de reconnaissance d'ailleurs pour les encouragements qu'il nous a toujours donnés avec affection et cordialité, nous nous faisons l'écho de sa parole, qui, rejaillissant sur nos ames comme ces cailloux lancés sur la surface des mers, ira, de bonds en bonds, portée par les flots des générations, conquérir des cœurs à notre frère et bien-aimé sauveur Jésus-Christ. Il parla en ces termes :

« Les forces occultes et magnétiques dont on accuse le Christ de s'être emparé pour produire des miracles, je les nommerai sans crainte et je pourrais m'en délivrer aisément, puisque la science ne les reconnaît pas encore et même les proscrit. Toutefois, j'aime mieux obéir à ma conscience qu'à la science. Vous invoquez donc les forces magnétiques : eh bien ! j'y crois sincèrement, fermement ; je crois que leurs effets ont été constatés, quoique d'une manière qui

est encore incomplète et qui le sera probable-
ment toujours, par des hommes instruits, sin-
cères et même chrétiens ; je crois que ces
phénomènes, dans la grande généralité des
cas, sont purement naturels ; je crois que le
secret n'en a jamais été perdu sur la terre, qu'il
s'est transmis d'âge en âge, qu'il a donné lieu à
une foule d'actions mystérieuses dont la trace
est facile à reconnaître, et qu'aujourd'hui seulement il a quitté l'ombre des transmissions
souterraines, parce que le siècle présent a été
marqué au front du signe de la publicité. Je
crois tout cela. Oui, Messieurs, par une prépa-
ration divine contre l'orgueil du matérialisme,
par une insulte à la science qui date du plus
haut qu'on puisse remonter, Dieu a voulu qu'il
y eut dans la nature des forces irrégulières, ir-
réductibles à des formules précises, presque in-
contestables par les procédés scientifiques. Il
l'a voulu, afin de prouver aux hommes tranquilles dans les ténèbres des sens, qu'en dehors
même de la religion il restait en nous des
lueurs d'un ordre supérieur, des demi-jours ef-

frayants sur le monde invisible, une sorte de cratère par où notre âme, échappée un moment aux liens terribles du corps, s'envole dans des espaces qu'elle ne peut pas sonder, dont elle ne rapporte aucune mémoire, mais qui l'avertissent assez que l'ordre présent cache un ordre futur devant lequel le nôtre n'est que néant.

« Tout cela est vrai, je le crois; mais il est vrai aussi que ces forces obscures sont renfermées dans les limites qui ne témoignent d'aucune souveraineté sur l'ordre naturel. Plongé dans un sommeil factice, l'homme voit à travers des corps opaques à de certaines distances : il indique des remèdes propres à soulager et même à guérir les maladies du corps; il paraît savoir des choses qu'il ne savait pas et qu'il oublie à l'instant du réveil; il exerce par sa volonté un grand empire sur ceux avec lesquels il est en communication magnétique : tout cela est pénible, laborieux, mêlé à des incertitudes et des abattements. C'est un phénomène de vision bien plus que d'opération, un phénomène qui appartient à l'ordre prophétique et non à l'ordre miraculeux. On n'a vu nulle part une guérison subite, un acte évident de souveraineté. Même dans l'ordre prophétique, rien n'est plus misérable.

« LACORDAIRE. »

LE MONDE OCCULTE

ou

MYSTÈRES DU MAGNÉTISME

DÉVOILÉS PAR LE SOMNAMBULISE.

—o‡‡o—

I.

Physionomie du somnambulisme à Paris.

> La philosophie de l'avenir sera la physiologie perfectionnée.
>
> BALZAC,
>
> Le magnétisme opérera une révolution dans le monde de la philosophie et de la science.

Quand le cadavre du pauvre est refroidi sur un lit d'hôpital, il est livré au scalpel des étudiants en médecine, qui mettent à nu sur les dalles de grès de l'amphithéâtre les rouages sanglants de cette machine humaine; car le sort de l'indigent est, après une vie de souffrance, de mépris et de fatigue, de servir de pièce d'anatomie à des esprits erronés qui recherchent dans la mort les secrets de la vie, dans l'immobilité ceux du mouvement, et ne recueillent que l'incroyance, cette maladie si-

nistre qui met un cœur caduc dans leur poitrine de jeune homme. Pour nous, délaissant les
charniers de la science, nous étudions les mystères de la vie dans la vie, à l'aide d'une faculté
merveilleuse nommée lucidité somnambulique,
qui ferme les yeux des sens et ouvre, à l'aide de
la clef d'or du magnétisme, les yeux perçants de
l'âme, qui pénètre les corps les plus opaques avec
plus de facilité que les rayons du soleil ne pénètrent le plus pur cristal. Dans cet écrit, que
nous jetons au vent capricieux de la publicité,
nous examinerons les arcanes les plus voilés de
l'âme humaine et le merveilleux mécanisme de
cette vue céleste, pour laquelle il n'existe plus
ni temps ni espace. Nous visiterons grand nombre de ces êtres étranges nommés somnambules,
qui jouissent du divin privilége de parcourir
l'univers d'un coup d'œil, et sont les devins du
dix-neuvième siècle, les membres derniers de
cette grande famille de prophètes de Pythie et
et de Sybile, que l'antiquité avait assis dans ses
sanctuaires sur un trépied d'or pour y recevoir
l'hommage des souverains de la terre et y être
vénérés comme les oracles de la divinité.

L'attention publique a été, de nos jours, ra-

menée au somnambulisme par le bill d'adhésion aux phénomènes magnétiques lancés du
haut de la chaire de Notre-Dame de Paris, par
l'illustre dominicain Lacordaire, et le récit des
incroyables prodiges qui inaugurèrent la char-
mante villa de Monte-Christo, asile merveilleux
d'un puissant génie. Cette magie de la science,
qui excite en ce moment un si vif intérêt,
compte de nombreux croyants qui constituent,
au sein même de la capitale, un monde magnétique dont les mœurs peu connues, les étranges
habitudes, les systèmes mystérieux, les fraudu-
leuses subtilités sont pour nous, depuis longtemps, un objet d'étude sérieuse. Le somnambulisme, nous le reconnaissons, est, par la
variabilité même de sa nature, éminemment im-
progressif ; c'est un terrain mouvant où l'on en-
fonce à chaque pas, où l'on marche de mirage
en mirage ; mais c'est la seule porte par laquelle
nous puissions pénétrer dans le domaine du
surnaturel, splendidement éclairé par l'éblouissante lumière des dogmes du christianisme,
ces astres éternels qui attirent les flots soumis
des générations vers Dieu. Le somnambulisme
sera délaissé le jour où l'on connaîtra comment,

2

dans les mystères de l'antique Orient, les mages
et les hiérophantes faisaient de l'initié un prophète et un thaumaturge, en le faisant passer
par les sept grades du magisme et les douze de
l'hermétisme, et comment la religion reliait
l'homme à Dieu, le culte le civilisait, la tradition révélée lui expliquait sa nature, celle de
Dieu et du monde. Aussi, c'est à la gorge que
d'une main résolue nous saisirons cette ignorante philosophie, qui tente d'écraser hypocri-
tement, sous ses enseignements perfides, la foi
en l'âme de la jeunesse moderne.

A Paris, le somnambulisme se présente sous
toutes les formes, revêt tous les déguisements,
et emprunte tour à tour tous les noms. Les disciples de Mesmer ont fait du magnétisme un
commerce, un passe-temps, une science, une
philosophie, une religion, un mode enfin de
médication. Pour connaître ce nouveau Pro-
thée, il nous sera donc nécessaire de l'étudier
dans ses nombreuses métamorphoses. Dévoiler
les moyens secrets à l'aide desquels les contre-
facteurs du magnétisme simulent la lucidité
somnambulique, initier au travers dangereux de
la société mesmérienne, rendre justice au dé-

vouement des magnétiseurs consciencieux, est une tâche délicate, mais que nous aborderons franchement, forts de l'impartialité de nos intentions et de l'exactitude de nos données. De plus, persuadé qu'il n'y a qu'un somnambule endormi qui soit véritablement capable de donner l'explication des phénomènes magnétiques et de déchirer le voile mystérieux qui se dresse entre la raison incrédule et ces faits d'une concluante certitude, nous avons plongé dans le sommeil magnétique le fameux médecin somnambule Victor Dumez ; en sorte que les phénomènes que nous relatons, nous les avons vus de nos yeux, produits de nos mains, et, comme les premiers apôtres, nous pouvons dire : *Quod vidimus et audivimus testamur* (nous attestons ce que nous avons vu et entendu).

Mais avant de s'élancer dans ce monde inconnu, il faut connaître la cause de ces phénomènes dont on veut être les témoins. Il est une vérité primordiale, révélée, traditionnelle, admise par l'universalité des peuples payens, que l'enfant du dernier artisan de nos campagnes connaît souvent même avant de savoir lire : c'est que chaque homme a en lui une âme, émanation de Dieu créé à son image, comme lui immortelle, qui participe en quelque chose de la toute-puissance de son auteur. Enfin, que cette âme étant immortelle, ne peut être limitée ni par l'espace, ni par le temps. Cette vérité est la clef mystérieuse qui ouvre à l'entendement humain le monde merveilleux du somnambulisme, où l'œil de l'intelligence, avide de nouvelle clarté, plonge avec délice.

Nous ne nous faisons pas aujourd'hui le représentant des franc-maçons, dont nous vulgarisons les hauts enseignements philosophiques ou le défenseur du magnétisme, car ce n'est pas le soldat qui a combattu dans une atmosphère d'aveuglante poussière qui peut voir les différentes manœuvres d'une bataille et la décrire; mais l'observateur éclairé, qui du haut d'une montagne a tout vu et tout apprécié. Nous tâchons d'être l'écho ardent des aspirations croyantes, des sentiments généreux des enfants de la vérité, des fils de l'avenir, phalange nombreuse qui marche avec nous vers ce monde de l'avenir. Nous parlerons au pluriel, car ce ne sont pas nos idées individuelles que nous émettons, mais celles de ces frères de nos âmes qui combattent sous le même drapeau que nous pour enlever d'assaut le royaume de Dieu.

Une pluie battante de brochures sur le magnétisme, depuis longtemps inonde les étalages de la librairie; et cependant, dans aucune d'elle on ne lit une seule page capable de remplacer dans les âmes le désespoir par les espérances éternelles. Personne n'a eu pitié de ces pauvres jeunes gens, qui, blessés au cœur par le doute, le front pâli, les yeux ternes, traînent péniblement un corps usé par la débauche et ne leur a tendu une main amie pour les conduire vers la divine lumière. A peine, en effet, le jeune homme a-t-il franchi le seuil du collége, qu'il croit faire acte de supériorité intellectuelle en rejetant loin de lui le joug des croyances de ses premières années et en proclamant que la félicité suprême en ce monde, c'est d'avoir toujours une maîtresse à la mode à ses côtés et une poignée d'or dans sa poche; infortuné qui croit que l'âme se stupéfie avec un verre de vin et que la conscience s'évanouit dans les airs comme la fumée d'un cigarre; ignorant, qui ne sait pas qu'au lendemain de l'orgie, on se retrouve seul devant Dieu avec sa conscience. L'âme, avant de

verser sa vie céleste dans les ténèbres des sens,
se cabre, semblable à la cavale sauvage de Ma-
zeppa, puis emporte le libertin à travers les lieux
inexplorés et les bois touffus et ne laisse de l'infortuné, lié invinciblement à son flanc, que la
route de sang que les lambeaux de sa chair ont
tracé sur les arbres du chemin. Avertissement
sinistre, qui devrait arrêter les jeunes sceptiques
à face de vieillard qui déshonorent notre génération.

L'homme, qui dès son jeune âge s'est cloîtré
dans un bureau ou une boutique, et qui a toujours eu pour horizon de son intelligence un
grand-livre, n'a qu'un sourire de mépris pour
les esprits supérieurs qui s'occupent des rapports éternels des âmes avec Dieu. — Aussi
quand la bourgeoisie a le pouvoir, elle exclut
systématiquement de ce qu'elle nomme *les affaires publiques*, le philosophe au génie profond et
les hommes en qui Dieu lui-même a allumé le
feu divin de l'inspiration afin qu'ils soient les
éclaireurs de l'humanité; elle se plaît à être
gouvernée par des esprits bornés, dont l'unique
mérite consiste à être totalement dépourvu de
poésie. Les hommes d'argent, depuis vingt ans

en faisant la société à leur image, l'ont trans-
formée en un bazar et une maison dejeu, où les
jeunes gens à l'âme pure et généreuse, aux aspirations nobles et ardentes et en qui l'ambition
du ciel étouffe les ambitions terrestres, souffrent
et dépérissent, car le cœur a besoin de foi, de
croyance, de surnaturel, comme les pâles poitri-
naires ont besoin des brises tièdes et embaumées
de l'Italie.

C'est à ces âmes, sœurs de la nôtre, que nous
nous adressons; nous leur apportons une dé-
monstration nouvelle de leur immortalité, tirée
du somnambulisme. Nous les initions aux arcanes de leur indvidualité, nous ouvrons devant
leur cœur des horizons nouveaux, devant leur
intelligence un monde resplendissant de l'indé-
lébile beauté de l'éternité. Quand on souffre sur
la terre, il est doux de regarder le ciel avec la
certitude de pouvoir s'y reposer un jour. Quand
on est opprimé, on écoute avec bonheur la parole convaincue, qui dit : Nous ressuciterons
dans la liberté et la gloire.

Dans notre dernier ouvrage : *Perfectionnement
physique de la race humaine*, nous avons entre-
pris d'expliquer et de rendre sensible le jeu

invisible des forces occultes, qui sculptent la matière vivante et revêtent la chair de l'homme de ce charme suprême et vainqueur qui, sous le nom de beauté, attire les êtres de sexes différents les uns vers les autres par un suave ravissement et fond les âmes dans un baiser sans fin. Pour livrer à nos lecteurs ces précieux secrets, nous avons été contraints de pénétrer dans les mystérieux sanctuaires de l'antique Orient, où tous ces premiers instituteurs des peuples ont été se faire initier aux vérités transcendentales du monde surnaturel. La civilisation, en effet, comme le soleil s'est levé à l'Orient, si dans le lointain des âges, nous venons assister à l'aurore naissante de la civilisation européenne, nous voyons Orphée, Mélampe et Musée, l'œil inspiré, le front rayonnant d'une lumière sereine, quitter les temples de Thèbes et d'Hiéropolis, reprendre la route de leur patrie et y établir un ensemble d'institutions religieuses, qui, par une puissance lente et voilée, cultivait l'homme moral, l'homme intellectuel et l'homme physique. Ce sont les initiés qui ont dégagé des ténèbres de la barbarie ses premières clartés, qui prosternent les fronts des peuples enfants en faisant briller devant leur intelligence ravie un reflet divin de l'éblouissante splendeur de Dieu. Les vérités de l'initiation sont marquées au front du signe de l'universalité, leur temple est l'univers, leur durée le temps; elles sont la base de toutes les religions. Le voile du mystère les a toujours protégés contre les regards impurs des profanes, il a fallu toujours des mains purifiées pour y toucher, des cœurs épurés pour les goûter, des intelligences pures et éclairées pour les comprendre. Ceux qui en sont les heureux possesseurs trouvent des visages amis, des cœurs de frère sur tous les rivages où le soufle de leur destinée les pousse. Car Dieu a commandé aux quatre vents du ciel de porter par tout l'univers les semences de la vérité éternelle.

Ce qui nous détermine à délaisser la science des accadémies modernes, pour cette antique science de l'initiation, c'est parce que nous avons toujours proclamé, avec le grand philosophe Baccon, qu'un peu de science éloigne de Dieu, et beaucoup y ramène. En conséquence nous nous sentons invinciblement attiré vers cette science sublime qui éclaira l'intellignece des mages de Caldée et mit en leur cœur un si courageux amour de la vérité que ces savants vénérés, que toute l'antiquité intelligente était venue consulter comme les représentants de la divinité et les dépositaires de la sagesse, prirent à leur tour le bâton du pèlerin et vinrent prosterner la royale majesté de leur cheveux blanchis devant l'enfant-Dieu, couché dans la crèche de Bethleem. Nous aimons à nous rendre l'écho de ces vérités qui ont enfanté au moyen-âge les chevaliers qui furent l'héroïque armée de foi au dedans, et de fer au dehors. Enfin, nous croyons que la philosophie de l'initiation est la seule qui puisse expliquer les phénomènes du magnétisme et les merveilles du somnambulisme et mettre en garde contre les dangers d'une crédulité ridicule et d'un charlatanisme odieux.

Nous préférons les démonstrations de l'immortalité de l'âme que nous allons tirer de la seconde vue à celles que donnent les philosophes officiels, car il faut des miracles pour rallumer la foi dans l'âme des peuples et non les dissertations ennuyeuses d'une métaphysique obscure. Nous marchons, il est vrai, contre l'Académie et les savants, qui refusent de reconnaître le magnétisme; mais nous avons pour nous l'éternité des siècles, et jamais la science ne dé-

trônera la révélation ; quand Dieu manifeste la
splendeur de sa divine lumière , il pâlit les faibles lueurs d'une science superbe, comme au
matin l'astre du jour éteint les astres de la nuit,
les phares des côtes, les fanaux des rues, en
allumant au sein de l'azur la rayonnante clarté
de son disque étincelant.

Ceux qui sont le plus voisins de la vérité et
le plus assurés de ressusciter dans la gloire, ce
ne sont pas les savants qui analysent, les spéculateurs qui calculent, les philosophes qui ar-
gumentent, mais le peuple qui souffre et la
femme qui aime. La souffrance est souvent
l'ange libérateur qui use le voile charnel des
sens et permet à l'âme de pénétrer au-delà des
sphères créées et d'y contempler Dieu face à face.
L'amour est la vie et la lumière des âmes, il les
fait rayonner d'une grâce idéale et sans pareille
jusqu'au sein du tabernacle éternel, où elles
s'unissent à leur bien-aimé dans les étreintes
d'un ravissement infini. Ce sont donc les femmes et le peuple qui, seuls, connaissent les
mystères de l'éternité. Voilà pourquoi, bateleurs
de la philosophie , vous ne pourrez jamais détruire les croyances en leurs cœurs ; car leurs

oreilles sont sourdes à vos arguments, leurs yeux fermés à vos fausses démonstrations, et leur âme, douée d'une vue céleste, perçoit les éblouissantes réalités de la vie future. Nous tenons au peuple par la souffrance, et aux femmes par le dévouement ; car notre cœur, plein de tendresse pour les petits, les faibles, les délaissés, s'est heurté violemment contre l'indifférente dureté de la foule, et il a saigné ; notre âme, pleine de foi en la divinité, a rencontré l'ironie du doute, et de toutes les bouches de la bourgeoisie et du crétinisme, une voix nous a accusé de ne pas avoir le sens commun. Non, nous ne l'avons pas, et nous nous en faisons gloire ; car le sens de la généralité des hommes est un sens égoïste et désireux des honneurs de ce monde, tandis que nous sentons en nous un cœur de frère pour les méprisés et tous ceux qui pleurent, et nous n'ambitionnons pas cette pourpre des richesses et du pouvoir que les soldats romains infligèrent aux épaules sanglantes de l'Homme-Dieu, pour mêler aux tortures du supplice le haillon de l'insulte et de l'ignominie.

Quand l'amour de Dieu est dans un homme,

il sent en ses membres une force surhumaine, et prenant en ses mains le catéchisme, il renverse les théories impies et désolantes de la science. Aujourd'hui, nous montrerons l'inanité des connaissances qui n'ont pas Dieu pour base, nous lutterons contre les académies; notre science sera celle du catéchisme, nos sectateurs les femmes et les enfants; nous sommes assurés de la victoire, car la petite main de l'enfant dans la blanche main de la femme est un puissant rempart, quand dessous il y a la main de Dieu.

Si la comédie des ridicules, des rêveurs, et les fraudes des charlatans du magnétisme fait errer le sourire de l'ironie sur toutes les lèvres, les doctrines impies des rationalistes et matérialistes modernes serre le cœur d'une inexprimable douleur. Depuis près d'un siècle, les hommes au cerveau borné, au cœur ambitieux qui déshonorent le nom de savant et de philosophe, se sont livrés à des expériences meurtrières sur l'âme et l'intelligence des peuples. Jadis le chiffonnier portait en sa poitrine, sous son linge en haillons, un cœur croyant à l'immortalité; il espérait qu'après une vie errante

3

et méprisée, il se reposerait dans le royaume de Dieu, promis à ceux qui souffrent. Des sophistes hébêtés l'ont perfidement raillé de sa foi ; alors, le front triste, l'œil morne, il s'en est allé demander à l'eau-de-vie les consolations de l'abrutissement. La malfaisante incrédulité qui asphyxie les intelligences, étouffe les cœurs en souveraine depuis trop de temps. L'heure a sonné où les élus de la vérité, les enfants de l'avenir et de la France, ont rugi comme des lions : ils ont compris qu'il y avait lâcheté et sottise à lui permettre d'obscurcir plus longtemps le soleil de la divinité. Depuis un demi-siècle qu'ils se reposent, ils ont eu le temps d'aiguiser leurs griffes d'airain : c'est maintenant un duel à mort entre un crapuleux matérialisme uni à un niais rationalisme et la vérité traditionnelle. La révélation, semblable à la sagesse antique, marche au combat, le front coiffé d'un casque, la poitrine couverte d'une sainte cuirasse, forgée au ciel, la main armée d'une lance ; l'assurance du succès triomphe dans son divin regard, elle crie à sa lâche ennemie : « Le règne des railleries impies est passé, celui de Dieu commence. Défends-toi ! »

II.

Les cartomanciennes et les sorcières modernes.

> Il est de par le monde bien des gens
> qui se croient esprit fort, parce qu'ils
> nient le surnaturel, et qui ne sont en
> réalité que des esprits bornés.

Le magnétisme, aujourd'hui, est un véritable trafic, et l'exploitation de la découverte de Puységur est en plein rapport. Chaque classe de la société a ses somnambules attitrés, qui ne diffèrent entre eux que par le prix de la consultation. Ils peuvent se diviser en trois genres, correspondants aux trois étages de l'ordre social. Visitons en premier lieu ceux du peuple. Dans les quartiers les plus populeux, les plus noirs et les plus pauvres, vivent, dans des greniers obscurs et infects, certaines vieilles femmes ridées, valétudinaires édentées qui, sous le nom de bohémiennes, prédisent l'avenir et guérissent les maladies pour un morceau de pain ou quelques

sous. Leur logement, ou pour mieux dire leur
antre, est situé sous le toit d'une antique maison ; on y parvient à l'aide d'un escalier âpre,
brumeux et glissant ; leur mobilier se compose
d'une cruche cassée, d'une chaise boiteuse ; des
chiffons sordides, de la paille humide souillent
le carreau du grenier de l'infortunée sorcière
du magnétisme. Ces diseuses de bonne aventure
passent une partie du jour accroupies dans un
coin de leur réduit, chauffent leurs mains en
étendant leurs doigts rigides au-dessus d'un
vase de terre qui renferme quelques charbons
à demi-plongés dans la cendre ; les murs exfo-
liés, crevassés, délabrés, sont tapissés d'une
moisissure bleuâtre ; en sorte qu'une sensation
étrange vous glace et vous arrête sur le seuil de
leur antre. Elles n'ont pas de magnétiseur et
n'en ont pas besoin ; car, depuis longues années, la faim ayant mortifié leur chair, la misère
sous toutes les formes ayant usé leur corps,
desséché leurs membres, ridé leur peau, en un
mot presque anéanti en elles la partie matérielle, on voit se vérifier à la lettre cette parole
du célèbre magicien Apollonius de Tyane : « A
travers la charpente d'un corps ruiné, l'âme

contemple le temps, l'espace et l'éternité ! » Ces pauvres femmes sont consultées pour les enfants malades, pour les ouvriers blessés ; à l'aide d'une mèche de cheveux, elles décrivent les souffrances et guérissent très-promptement presque tous les maux par l'application de certaines plantes dont elles détaillent les mérites secrets avec une sagacité qui surpasse de beaucoup l'intuition médicale des plus habiles disciples d'Hippocrate. Plusieurs se disent les élèves de Mme Lenormant, la célèbre cartomancienne que les plus illustres personnages de la cour de de l'empereur, la plupart esprits forts qui auraient rougi d'ajouter foi aux prophéties et aux miracles des saints, venaient consulter en secret sur leurs destinées, qui se sont presque toujours réalisées conformes aux prédictions de cette femme étrange, qui jouissait réellement du privilége de déchiffrer le grimoire mystérieux de l'avenir. Comme leur maîtresse, les cartomanciennes modernes se servent d'un jeu de cartes nommé Livre de Thot, savant philosophe, roi d'Égypte, initié aux mystères égyptiens d'Isis et d'Osiris, aux mystères caldéens de Mythras. Ce jeu se compose de soixante-dix-huit cartes : la cartomancienne vous prie habituellement de couper, puis étale à l'envers le jeu devant vous et vous demande de tirer dix-sept cartes; puis, comme contrôle, elle vous fait retirer encore dix-sept cartes dans six autres jeux; alors, après quelques mots destinés à établir un rapport sympathique entre la cartomancienne et son consultant, elle arme sa main d'une baguette noire, allume son regard du feu de l'inspiration, et lit dans les cartes qu'elle a devant elle le passé, le présent et l'avenir. L'avantage de la cartomancie sur la divination par le marc de café et le blanc d'œuf, c'est que le passé peut s'y lire. Nous avons particulièrement étudié la chiromancie et la cartomancie, et nous ne pouvons nous empêcher de comprendre l'entière confiance que Napoléon et les cerveaux les mieux organisés de tous les temps ont toujours accordé à ces sciences. Nous avons connu plusieurs cartomanciennes, entre autres Mlle Lelièvre, qui nous avait prédit l'heure et le jour de sa mort, à une année de distance. Notre loyauté envers les diseuses de bonne aventure nous oblige à confesser que, parmi elles, nous en avons rencontré quelques-unes

qui étaient d'une très-remarquable clairvoyance.
Celle dont l'intuition prophétique nous a toujours semblé la plus merveilleuse se nomme
Mme Talbert : à peine ses cartes sont-elles
étalées devant elle, que de sa prunelle dilatée
semble s'échapper deux rayons de feu ; le consultant, sous ce regard ardent et fascinateur,
tremble et pâlit ; car l'esprit de vérité, parlant
par la bouche inspirée de cette femme, lui trace
le sombre tableau des vicissitudes de sa vie
passée, esquisse son présent et lui dévoile avec
détails l'avenir qui l'attend. Les cartomanciennes, selon nous, sont des femmes qui puisent
l'esprit d'inspiration qui dégage l'âme du corps
dans les cartes, au lieu de le recevoir d'un
magnétiseur ; il est certain qu'avec un consultant qui a la foi et le sentiment du surnaturel,
elles voient avec beaucoup plus de netteté
qu'avec un homme à l'esprit sceptique et au
cœur égoïste. Nous pensons que toutes les cartomanciennes peuvent devenir somnambules
très-lucides ; seulement nous croyons devoir
poser entre elles cette différence : les somnambules, plus sensitives et plus passives
que les cartomanciennes, peuvent mieux con-

naître les maladies; d'un autre côté, les cartomanciennes, plus intuitives que les somnambules voient mieux l'avenir. Pour lire l'avenir
dans le livre de Thot, il faut être inspiré; pour
puiser les enseignements de la plus sublime philosophie, voilés sous d'attrayantes allégories, il
faut être initié aux traditions cabalistiques; car
il n'est pas donné à tout homme de franchir le
seuil du temple mystérieux de l'avenir que
gardent les sphynx, satellites fidèles.

La plupart des femmes aujourd'hui qui
exercent le métier de somnambules, sont d'an-
ciennes ouvrières; elles ont commencé cet état
à l'hôpital, entre les mains de jeunes étudiants
en médecine qui, enchantés de faire une expérience *in animâ vili,* les ont magnétisées en
l'absence de leurs supérieurs. Généralement ces
sujets de second ordre s'endorment en se pas-
sant aux doigts un anneau magnétisé et se réveillent par l'intermédiaire de leurs clients, qui
chassent le fluide qui assoupit leurs paupières
en soufflant sur leur front avec une ferme volonté de dissiper cet étrange sommeil. On a
considérablement exagéré les avantages du métier de somnambules, et j'ai souvent entendu

répéter que la fortune leur venait en dormant;
cependant le sort de ces infortunées, dont le
métier pénible semble dépasser les forces hu-
maines, est loin d'être désirable. Nous en avons
connu une que magnétisait un prêtre, le plus
fameux d'entre tous les schismatiques modernes qui, pour la médiocre somme de cinquante centimes, répondait souvent aux questions irritantes de consultants qui avaient le
courage d'exiger, que pour un si mince salaire,
la somnambule lût les papiers de leur porte-
feuille, comptât l'argent de leur bourse, détail-
lât la maladie de leurs enfants et retrouvât le
caniche de leur femme.

Si la pensée s'assombrit, si le cœur se serre à
la vue des travaux ingrats et rebutants, auxquels la faim soumet tant de créatures raison-
nables, de quelle pénible émotion ne sera-t-on
pas saisi en contemplant de près les souffrances
inconnues, les épuisements physiques et mo-
raux du métier si envié de somnambules?

Presque toutes dorment dix ou douze heures
par jour, durant lesquelles il leur faut répondre
aux questions exigentes du public. Cette tor-
peur contre nature, cet assoupissement doulou-

reux est leur gagne-pain, leur unique industrie;
pauvres créatures qui vont chercher leur tâche,
tâche pénible et laborieuse, dans l'acte même
où la nature avait placé le repos et qui arrivent
au terme suprême de leur existence sans avoir
eu le temps de vivre pour elles-mêmes. Nous ne
parlons pas de ces malheureuses somnambules
que la faim, cette jouissance du riche si souvent une souffrance pour le pauvre, a réduit à
livrer leur corps aux humiliantes et brutales
expériences de l'insensibilité magnétique. Il
faut tirer un voile épais sur cette chair de
jeune fillle percée de part en part, sur ces fers
rougis appliqués sur la peau délicate de cette
martyre de la misère qui, pour vivre, verse son
sang goutte à goutte!

III.

Roueries des charlatans du magnétisme.

Nous croyons au magnétisme, mais
non aux magnétiseurs.

ESQUIROS.

Il y a par le monde des gens d'une foi si facile, d'une crédulité si ingénue, et le magnétisme est un masque si commode, que l'intrigue et la mauvaise foi ne manquent pas d'en profiter; le somnambulisme, pour les magnétiseurs charlatans, n'est qu'un moyen facile de mystifier les gobe-mouches par l'intermédiaire d'un compère; leurs nombreux secrets, pour contrefaire la science et abuser de la bonne foi des Parisiens se nomment *trucs,* d'un mot anglais *trik,* qui signifie *tour.* En dévoilant ces ruses et ces supercheries, indignes d'hommes qui se respectent, nous espérons arracher quelques-unes de ces herbes vénéneuses, de ces plantes parasites, qui étouffent dans son germe l'arbre du magnétisme et l'empêchent d'étendre au loin ses rameaux, sous lesquels viendront s'abriter les générations futures.

Ce sont les quartiers les plus riches, les plus aristocratiques que le charlatanisme choisit de préférence pour centre de l'exploitation du sommeil magnétique. Quand le somnambulisme nous apparaît sous la forme d'état, son titre de gagne-pain devient alors une espèce d'excuse à nos yeux, car il faut que tout le monde vive ; mais lorsque c'est dans un appartement richement meublé que nous allons trouver les vendeuses de lucidité magnétique, nous ne pouvons nous empêcher de les flétrir. Quand nous voyons une femme jeune encore, d'une intéressante pâleur, spéculant sur le préjugé des gens du grand monde, qui consiste à estimer davantage ce qu'ils payent vingt francs que ce qui leur en coute dix, et la foule se pressant dans des salons d'attente, avide d'échanger son or contre quelques vaines paroles dites avec volubilité et autorité afin d'esquiver les questions et de simuler une lucidité absente, nous tâchons de lui arracher son masque, car il y a une

chaîne de solidarité qui lie entre elles les somnambules et les attache au même pilori dans
l'opinion publique.

Souvent les somnambules finissent par acquérir un véritable talent dans l'art de faire des
dupes; chez elles le faux, sous un certain jour doré,
est présenté avec tant de rouerie qu'il réussit
souvent à produire l'illusion du vrai ; les ruses
pour simuler la seconde vue sont si adroitement combinées, si heureusement trouvées, si
habilement exécutées par les somnambules,
qu'elles surpassent les prodiges réels opérés
par l'action magnétique. En voici un exemple
que nous avons raconté à Dumas, et qui l'a vivement intéressé et que nous empruntons à
son 19e volume de Balsamo , où il l'a relaté
dans des pages qui sont certainement ce que
l'on a écrit jusqu'ici de plus intelligent sur le
magnétisme. « Ainsi vous croyez à la seconde
vue, me dit Delaage. — Parfaitement, et vous ?
Moi aussi, seulement ma foi me vient d'une
étude plus approfondie que la vôtre; j'ai passé
par les mains de beaucoup de charlatans avant
de lever un coin du voile qui recouvre cette
science, il y a donc décidément des charlatans.

4

« Jugez-en, me dit Delaage, voici un fait dont je vous garantis l'authencité : Un jour, une femme du monde que je connais beaucoup, Mme de *** lut un matin, à la quatrième page d'un de nos grands journaux, l'adresse d'une somnambule d'une lucidité constante, endormie par son magnétiseur de huit heures du matin à cinq heures du soir ; cette femme se rendit immédiatement à l'adresse indiquée, mais là foule qui se pressait chez la somnambule était si nombreuse, qu'on la pria de revenir le lendemain, lui disant qu'elle attendrait vainement son tour ce jour-là. Le lendemain donc, cette dame revint : elle fut admise aussitôt, la somnambule était endormie ou du moins paraissait l'être. Veuillez donner votre main à madame, dit le magnétiseur à la visiteuse en lui montrant la somnambule. Je sais ce qui vous amène, dit celle-ci, sans attendre qu'on l'interrogeât. Hé bien, dites-le moi, répondit cette dame, qui affichait partout une incrédulité complète. Vous venez pour retrouver un objet perdu? Est-ce vrai, madame, demande le magnétiseur? Oui, monsieur. Dites l'objet que madame a perdu, reprit l'homme? C'est une épingle enrichie de diamants. Le magnétiseur interrogea du regard Mme ***, qui fit signe que cela était vrai. Dites à madame, d'où lui venait cette épingle? — Elle lui venait de M. le comte de ***, son mari. — C'est vrai, ne pût s'empêcher de dire la dame en question. — Bien, ce n'est pas tout; où cette épingle a-t-elle été achetée! — Près de l'Hôtel-de-Ville, dans un grand magasin qui fait le coin du quai. — Comment nomme-t-on le marchand? — Je ne vois pas. — Voyez? — La somnambule parut faire des efforts pour lire. — Je vois, dit-elle tout-à-coup. — Eh bien? — C'est chez Froment Meurice. — C'est merveilleux, s'écria Mme de ***. — Maintenant, reprit le magnétiseur, pouvez-vous dire à madame qui a ramassé son épingle ou qui la lui a volée? — Elle a été ramassée. — Par? — Par un homme. — Voyez-vous cet homme? — Oui, mais il marche et va très-vite; il m'est impossible de distinguer ses traits. Si madame veut revenir demain matin, il sera sans doute chez lui, et je pourrai dire où il demeure et quel nom il porte. — Mme de *** partit émerveillée; autant elle avait été incrédule jusque-là, autant, à partir de ce jour, elle eut foi. Elle ne voulait entendre à aucune objection qu'on lui faisait, et sa confiance était devenue inébranlable. Cette précision de détails que lui avait donné la somnambule ne pouvait être, à ses yeux que le résultat du magnétisme le plus pur et de la lucidité somnambulique.

« A quelques jours de là, je reçus la visite du magnétiseur de cette somnambule; il venait me demander une lettre de recommandation, car il ne voulait plus, disait-il, pour cinq francs par jour, être le complice des audacieuses fourberies de celle qu'il avait l'air d'endormir et qui ne dormait pas plus que vous et moi. — Je l'interrogeai naturellement sur les moyens qu'il avait employés pour tromper cette Mme de *** et tant d'autres personnes qu'il avait rendues si ardentes pour le magnétisme. C'est bien simple, me dit-il. Cette foule qui se presse chez la somnambule, se compose en grande partie de figurants de petits théâtres auxquels on donne 2 fr. pour jouer le rôle de clients. Ce sont eux qui engagent les visiteurs à revenir le lendemain. Le visiteur s'en va, on le fait suivre et l'on envoie dans la maison une femme qui, sous prétexte de vendre des dentelles ou autres objets, obtient adroitement des domestiques ou du portier les renseignements dont la somnambule a besoin pour donner à ses réponses l'apparence de la vérité et de l'inspiration. »

Parmi les nombreuses femmes que la difficulté d'exercer une profession lucrative engage à contrefaire la lucidé somnambulique, bien peu ont à leur disposition d'aussi ingénieux moyens de tromper le public ; le succès de leur réponse dépend alors de l'habileté de leurs interrogations, de la sûreté de leur coup-d'œil et de l'ingénue crédulité de leurs clients, qui laissent échapper leurs secrets sans s'en douter.

Dans quelques circonstances, le hasard, l'habitude et l'intelligence suppléent en elle à ces facultés sublimes, à cette lumière surnaturelle, partage brillant, divin auréole des somnambules de bonne foi.

Dans l'antiquité, la prophétie, ce somnambulisme supérieur, portait avec elle un caractère grandiose, elle était sociale et sacrée au camp de Saül, au sanctuaire de Délos, elle fut l'intermédiaire entre l'homme et Dieu, sa voix était écoutée avec une pieuse vénération comme

celle de la divinité; aujourd'hui la cupidité l'a
érigé en industrie, il faut vendre l'inspiration
en menue monnaie d'ordonnance, de conseil, de
recette, et la somnambule de contrebande, qui
a son nom stéréotypé à la quatrème page des
grands journaux, fait sa fortune sans jamais
avoir été douée de lucidité.

Il y a très-peu de spécialité parmi les somnambules : retrouver les chiens perdus, décou-
vrir les voleurs, dévoiler l'avenir, guérir les
maladies, donner des conseils dans les affaires
contentieuses, voilà les rôles variés qu'il s'agit
de jouer, voilà les charges imposées aux sujets
magnétisés. Les jolies habitantes de la rue
Bréda, les gracieuses parisiennes de Notre-dame-
de-Lorette qui, malgré leur chapeau à plume
et le mantelet de velours cerise attaché coquettement sur leurs épaules, portent au fond
du cœur le souci rongeur de l'avenir, ont une
foi sincère aux lumières des somnambules,
qu'elles prennent toujours pour directrices de
leur conduite dans les circonstances difficiles.
Ce qui déconcerte le plus certainement la mauvaise foi, c'est sans contredit les consultations
sur cheveux. Ce sont les épines du métier, une

honte pour le charlatan, un succès pour la somnambule lucide.

Un de nos amis étant allé consulter une somnambule à domicile, lui remit un petit paquet qui semblait renfermer une mèche de cheveux; la somnambule l'appuya sur son front, et déclara que ce paquet contenait des cheveux d'une personne à laquelle il portait un très-vif intérêt; elle est bien malade, lui dit-elle, je vais vous détailler son état intérieur. Les poumons sont attaqués, le cœur est sujet à de fréquentes palpitations, l'estomac, depuis longtemps, est très-paresseux; cela tient à ce que le foie est à peu près rongé. Après avoir terminé ce diagnostic peu rassurant, elle dicta une longue liste de médicaments qu'elle prescrivit d'aller acheter chez un pharmacien dont elle indiqua l'adresse, et recommanda de revenir la consulter tous les deux jours. Alors, parfaitement édifié sur la lucidité de cette somnambule, notre ami tira du papier les crins d'un vieux fauteuil.

Voici un autre fait dont nous avons été le témoin. Un de nos amis nous ayant prié de l'accompagner chez une somnambule, nous lui recommandâmes d'apporter une lettre de la personne dont il désirait savoir des nouvelles. A peine la somnambule fut-elle endormie, que notre ami lui présenta la lettre; elle la mit sur son estomac. C'est une lettre de femme, dit-elle; cette femme vous aime beaucoup. Donnez-moi le bras, nous allons aller la visiter, ça lui fera bien plaisir, et la somnambule se mit en marche sans quitter son fauteuil. Arrivé à Boulogne par la pensée, il faut nous embarquer ici, se mit-elle à dire. Partons bien vite; cette femme vous adore, il faut aller la voir de suite. Notre impartialité nous oblige à reconnaître que jusqu'ici elle avait parfaitement bien vu, mais d'ajouter comme circonstance atténuante, que la lettre était timbrée de Londres.

Pour notre ami, il rayonnait de joie, reluisait de contentement; enfin, ils s'embarquèrent. La somnambule cependant affaissait toujours, sous sa vaste corpulence, les coussins de son fauteuil. Le timbre avait pu la guider jusque-là, mais maintenant elle commençait à entrer dans le nébuleux atmosphère des incertitudes et des tâtonnements; elle s'en tira d'une manière audacieusement malpropre. Elle com-

mença par s'accrocher au barreau de son fauteuil, puis à faire toutes les grimaces d'une
personne atteinte du mal de mer. Notre ami
effrayé, abandonnant rapidement le bras de ce
périlleux compagnon de voyage, qui menaçait
de souillure son chapeau et ses vêtements,
appela son magnétiseur, qui arriva, calma sa
somnambule, puis se mit à reprocher à notre
ami de l'avoir rendue malade, et à réclamer un
double payement. Heureusement que nous
étions présent, et, qu'à notre tour, nous le me-
naçâmes de rendre publique cette petite scène
en citant son nom et l'adresse de sa somnambule. Voilà cependant où en est le magnétisme
et le somnambulisme, une chose que les philosophes persifflent, que les charlatans débitent.
Aussi les *infortunées créatures* chez lesquelles
la souffrance, les maladies ont usé le corps; en
sorte que l'équilibre étant rompu, l'être intérieur ou angélique prédomine sur l'élément
charnel, qui s'efface et disparaît; celles, en un
mot, dont l'âme visitée par l'esprit d'inspiration, pénètre les mystères du temps et de l'espace, au lieu d'être assises comme à Delphes
dans un magnifique sanctuaire, sur un trône

d'or enrichi de pierreries, et d'apercevoir à travers la fumée du laurier de Castalie et de l'encens de Palmyre les rois de ce monde, le front prosterné dans la poussière, n'ont plus pour refuge que la maison des fous ou les trétaux du charlatan.

L'inquisition a brûlé les magiciens, la philosophie du xviiie siècle les a raillés, le flot sanglant des révolutions a passé, et le sceptre des rois et la baguette des enchanteurs sont dans les mains inexpérimentées de tous.

IV.

Ridicule des rêveurs du magnétisme.

En France, le ridicule est une arme qui tue.

Jusqu'à présent, nous nous sommes tenus aux généralités. Les travers que nous avons signalés avaient été indiqués avec infiniment d'esprit par Alphonse Esquiros. Maintenant, notre sujet nous force à parcourir des contrées peu connues et mêmes dangereuses. Cependant, sans nous laisser arrêter par la délicatesse de la tâche, nous allons décrire les mœurs et les systèmes des savants du magnétisme et affronter sans crainte les ressentiments et les susceptibilités que notre franchise et notre impartialité nous exposent à soulever.

Les cours de magnétisme sont les spéculations les plus nuisibles à cette science, et souvent le mode le plus impudent de soutirer l'argent du public parisien ; ils se composent d'une série de vingt leçons payées d'avance au prix modique de cinquante francs. Une trentaine d'auditeurs, séduits par les promesses mensongères du professeur, lui apportent leur attention et leur argent et attendent en retour les secrets moyens de devenir thaumaturges et d'enfanter des prodiges. Celui-ci leur lit une longue et ténébreuse histoire du magnétisme, qu'il fait suivre d'une théorie qui tire son obscurité de la confusion de ses idées. Or, ce secret, que l'impudence des bateleurs de la science fait payer cinquante francs et dix heures d'ennui, peut se dévoiler en quelques mots. Pour endormir les somnambules, il faut les fixer du regard avec l'énergique volonté de les plonger dans le sommeil. Peu à peu leurs paupières se fermeront, et si le sujet a le don de lucidité, son esprit se transportera dans les contrées que vous lui ordonnerez de parcourir, ou remontera le fleuve des âges écoulés. C'est la foi en magnétisme qui transporte les montagnes. L'union polytechnique a eu des cours de magnétisme faits par Louis Hébert et Orina. Ces

cours, éloquemment professés, étaient des cours
de haute philosophie à propos de magnétisme.
Outre les cours de magnétisme, il y a encore
les sociétés. Les magnétiseurs se réunissent
entre eux dans le but de s'entendre sur les
moyens de propager les bienfaisants effets de
leur science. Ces sociétés, au lieu des lumières
qu'elles devraient jeter sur cette question, la
déconsidèrent par l'insuccès de leurs démonstrations pratiques. Leurs séances ne sont pas
publiques. Cependant, chacun des membres a
un certain nombre de billets, qu'il distribue à
ses connaissances; d'autres fois, pour subvenir
aux frais de local, sans rien faire payer à la
porte, on exige la présentation d'une quittance
d'abonnement au journal du magnétisme, revue
dont la collection est un très-curieux monument
d'érudition sur cette matière, élevé sous la di-
rection d'Hébert de Garnay. Les séances s'ouvrent par la lecture du procès-verbal.

Après le récit des prodiges dont furent témoins les heureux assistants de la séance précé-
dente, on ramasse le nom des personnes qui
désirent être magnétisées; les femmes avides
de sensations inconnues livrent volontiers leur

personne aux expériences somnambuliques. Le
plus souvent, le magnétiseur se fatigue inuti-
lement en passes et contrepasses magnétiques,
sans pouvoir arriver à aucune espèce de résultat. Comme cette expérience offre un très-mé-
diocre intérêt, l'ennui des spectateurs se traduit par un bâillement universel; alors le président annonce que les sujets n'ont pu être en-
dormis, parce que, par un phénomène très-
précieux pour la science, qu'on ne doit pas
manquer de mentionner au procès-verbal, le
fluide, en vertu de sa puissance d'irradiation,
s'est répandu dans l'auditoire et y a produit une
somnolence magnétique très-appréciable. Si
par bonheur un des sujets pris dans l'auditoire
s'endort, les magnétiseurs, fiers de ce succès,
crient au miracle; les incrédules s'obbstinent à
n'y voir rien d'extraordinaire, et ils répondent
que lorsqu'il leur arrive de rester un quart-
d'heure en silence, étendu dans un fauteuil,
leurs paupières s'alourdissent et ils finissent
très-naturellement par s'endormir. Pour initier
les spectateurs aux merveilleux résultats du
magnétisme, et présenter à leurs yeux impa-
tients un aperçu des différents phénomènes aux-

quels le magnétisme peut donner lieu; il y a des
sujets appartenant à la société dont on met en
lumière les différentes propriétés : les uns sont
si sensibles à l'attraction magnétique, qu'ils
échappent au plus vigoureux poignet des assistants qui tentent de les retenir; d'autres fois ce
sont des expériences de tension de membres
qu'il est impossible de faire plier ; quand l'auditoire est tout-à-fait fatigué de la partie dite
physique des expériences magnétiques, on passe
à la partie spirituelle pour terminer, en laissant
dans l'esprit des spectateurs, qui murmurent
déjà en se trouvant passablement mystifiés d'a-
voir perdu leur soirée et de s'être dérangés pour
ne rien voir de surnaturel et d'intéressant, une
opinion avantageuse du somnambulisme; ils
exhibent un des plus lucides sujets que la société
ait à sa disposition; celle-ci du moins va parler, sa première réponse sera habituellement
fort éloignée de la vérité, car elle la lance à
tout hasard, mais elle les modifiera suivant les
impressions de l'auditoire. Enfin, après de nombreux tâtonnements et avoir abusé de la crédulité des assistants, elle donnera une solution
vraie. Rien de prodigieux à cela; c'est une

femme qui joue à *comment l'aimez-vous*, avec une intelligence exercée par la pratique. Sans être devin, on peut dire comme elle : Vous demeurez dans une maison; il y a une porte à cette maison, il y a un escalier et des fenêtres.

Un jour, qu'avec Victor Hennequin, nous assistions à une de ces séances de magnétisme, une femme se présente à une somnambule de cette espèce, lui confie sa main et la prie de lui d'écrire son caractère; le mari se place de l'autre côté, résolu à ne pas perdre un mot de ce qu'elle va dire à sa femme.

— Vous êtes un peu irritable et jalouse.

Ici la femme fait à l'assemblée un signe de tête négatif, tandis que son mari approuve de l'autre côté cette triste vérité, que vingt-cinq années de cohabitation lui ont amplement démontrée.

— Vous êtes taquine.

Affirmation de la part du mari, nouvelle négation de la femme.

Ainsi de suite, chaque parole de la somnambule fut acceuillie par des signes d'adhésion de la part du mari, par un mouvement de tête négatif de la part de la dame.

L'assemblée spectatrice de ce singulier tableau, ne pouvait asseoir aucun jugement sur la lucidité de la somnambule.

Lequel croire, en effet, préférablement de ces deux magots qui remuent leur tête en sens divers.

Après de semblables séances, les uns disent : il y a quelque chose là-dessous, d'autres il y a quelque chose là-dedans, et la cause du magnétisme y perd beaucoup en considération. Il y a cependant des sociétés magnétiques inspirées par l'amour de l'humanité : nous citerons entre autres, celle présidée par le savant et honorable docteur Duplanty, une des intelligences les plus supérieures de la maçonnerie contemporaine ; celle de Dupotet, courageux apôtre de la science, qui émerveille parfois le public à l'aide de ronds et de miroirs magiques ; celles que nous attaquons sont celles où, par un chef-d'œuvre d'impudence et d'impiété, on bave, au nom du magnétisme, des torrents d'injures contre la religion et ses ministres.

Outre les rêveurs qui pratiquent le magnétisme avec une merveilleuse crédulité, il y a certains amateurs de magnétisme qui le parodient. Pour varier la monotonie des soirées et se délivrer de la tâche difficile d'alimenter une conversation plusieurs heures de suite, les maîtresses de maison font apporter des tables de whist; pour occuper et distraire le reste des invités, qui se sentent peu d'attrait pour jeter tour à tour sur un tapis vert la dame ou le valet, on improvise des quadrilles ou l'on sollicite un morceau de musique d'un mélomane, que l'on a invité pour sa voix complaisante. Le magnétisme est aussi une ressource pour les maîtresses de maison ; mais le plus souvent les récréations somnambuliques sont semblables aux expériences de seconde vue de Robert Houdin, dans lesquelles la question contient la réréponse; d'autres fois, c'est un moyen d'intrigue et de vengeance.

Un de nos plus habiles écrivains assistait, il y a quelques années, dans un hôtel du faubourg Saint-Germain, à une soirée de magnétisme. L'ombre de Cagliostro semblait planer sous les anciens lambris du salon, fantastiquement éclairé. Des femmes du dernier siècle, au port digne et majestueux, étaient rangées avec étiquette sur des fauteuils; la riche simplicité de leur mise, l'élégance de leurs manières et ce charme exquis qui résulte de l'affabilité du langage et d'une éducation soignée, leur donnait ce je ne sais quoi de souverain qui subjugue, plaît et porte au respect. Derrière se tenaient des hommes, qu'à la distinction de leur tournure on reconnaissait facilement pour les descendants de ces ducs, marquis et barons, dont les couronnes réunies formaient le splendide diadème de la patrie. Les regards étaient fixés sur une jeune femme d'une beauté aristocratique : ses yeux étaient à demi-fermés et sa tête légèrement inclinée ; elle semblait dormir avec une grâce particulière. C'était une des plus élégantes femmes de la société qui avait accepté, sans trop se faire prier, d'être endormie par le comte de L..., homme fort distingué, qui cependant, malgré son esprit, ne se doutait pas que rien ne nuit plus à la considération d'un homme, en ce siècle sceptique, que d'exercer le magnétisme en public. La somnambule commença par tressaillir et refuser de jouer aux cartes ou de lire dans un livre fermé, sous prétexte que sa sensibilité nerveuse était extraordinairement développée, mais elle offrit de répondre aux questions qui lui seraient posées.

Elle connaissait assez les secrets de chacun pour faire croire qu'elle possédait le don de seconde vue. Ce sommeil apparent était pour elle tout simplement un moyen de dévoiler les petits artifices à l'aide desquels une femme s'efforce de réparer de l'âge le trop irréparable outrage, et blesser perfidement le cœur de chacune en excitant sa jalousie.

Aussi, chaque femme qui vint se piquer les doigts à ces griffes de chatte, y laissa un lambeau de sa réputation ou de son cœur.

Une dame l'ayant envoyée dans sa maison, elle eut la malice de n'y voir distinctement que la natte de faux cheveux et le rouge végétal oublié sur sa toilette. Elle gémit sur le sort d'une autre, en lui apprenant publiquement que son mari était amoureux d'une danseuse.

Enfin, après avoir intrigué et humilié pendant une heure ses bonnes amies, elle pria de la réveiller et demanda, avec un merveilleux aplomb, si elle avait été lucide.

Ce qui distingue en général les magnétiseurs, c'est une grande débilité d'intelligence; en sorte qu'il est très-rare de rencontrer parmi eux des hommes ayant conservé une assez grande

rectitude de jugement pour être en état de dépouiller la vérité des ombres dont l'enveloppe
trop souvent l'artifice et l'illusion ; en sorte
qu'à côté du peuple de niais, moins nombreux
de jour en jour, qui nie le magnétisme, il y a
une foule de superstitieux qui, sans profondeur
dans l'esprit, se tiennent à la superficie de la vérité, au lieu de pénétrer au cœur. Ces infortunés,
perdus dans les inextricables détours d'un labyrinthe, sont condamnés au ridicule à perpétuité.

Il faut non seulement des mains pures pour
exercer le sacerdoce de magnétiseur, il faut encore une grande puissance intellectuelle pour
résister à l'enthousiasme, à la vue des merveilles
que l'on opère, car il n'appartient qu'à l'œil de
l'aigle de pouvoir fixer tranquillement l'éblouissante lumière du soleil. Le grand malheur de
tous ceux qui magnétisent est de manquer de
cette initiation philosophique, qui seule peut
leur donner la conscience de leur opération
et leur expliquer les arcanes secrets de leur
puissance occulte; aussi la lucidité variable et
inconstante de leur somnambule maintient-elle
leur esprit dans le domaine chimérique de la
rêverie et de l'illusion. Un homme connu et

estimé de tous les magnétiseurs pour la loyale bonté de son cœur et l'honnête pureté de ses sentiments, plein de crédulité en l'infaillibilité de son sujet, s'en va proclamant partout qu'il est le bon larron et que, dans le lointain des âges, sa somnambule l'a aperçu attaché à la croix, au côté droit de l'Homme-Dieu, sur la montagne du Calvaire; puis il avoue qu'il avait perdu le souvenir de cet épisode d'une de ses existences antérieures, mais qu'en y réfléchissant, il se la rappelle d'une manière vague et confuse. Il est surtout horriblement dangereux de s'en rapporter à la décision de sa somnambule, sur la fidélité de ses amis ou de sa femme. Voici un fait dont nous avons été témoin : Une servante, désirant substituer sa maîtresse dans le cœur et la maison de son maître, simule la lucidité magnétique; couverte de ce masque, elle s'insinue adroitement dans la confiance de celui-ci, puis lui déclare qu'il a pour femme sa propre sœur, que le ciel est irrité, et qu'il faut la jeter sur-le-champ à la porte et brûler ses robes et son linge. Ce magnétiseur a eu la crédule faiblesse d'ajouter foi à cette folie et d'exécuter la perfide prescription de sa servante,

malgré les conseils de ses amis. Ces exemples
montrent tous les dangers du somnambulisme
pour les intelligences débiles. Parmi cette
classe de magnétiseurs, que nous appellerons
volontiers les magnétiseurs amateurs, grand
nombre, égarés par une somnambule, le visage
noir de fumée, la sueur au front, penchés jour
et nuit sur leurs fourneaux embrâsés, se ruinent
à distiller dans des cornues tous les excréments
et les ingrédients imaginables, afin d'en extraire
la pierre philosophale, qui transmue tous les
métaux en or : damnés qui, dès cette vie, souffrent les tourments du feu et la privation de la
divine lumière ; car la pierre n'est qu'un mythe
sous lequel les hermétiques ont voilé l'explication des trois grands arcanes de l'initiation, qui
sont la connaissauce de l'essence mystérieuse du
monde, de l'homme et de Dieu.

V.

Influence amoureuse des passes et attouchements magnétiques.

> Quand tu verras pleurer une femme, ne la
> méprise pas ; elle tient encore à Dieu par quel-
> que chose , et si elle n'a pas l'âme de la vierge
> qui prie, elle a peut-être le repentir de Made-
> leine qui souffre.
>
> ALEXANDRE DUMAS fils.

> Le cœur ne doit pas être un muscle creux,
> ayant pour unique fonction d'envoyer le sang
> aux extrémités.

Lorsque le jeune homme sort du collége, il croit se poser et s'émanciper en absorbant courageusement un verre d'eau-de-vie qui lui écorche le gosier, et en fumant des cigares qui l'étourdissent et le rendent malade. La tête montée par les romans d'amour qu'il a lus, il brûle du désir de réaliser à son profit une de ces conquêtes que les Richelieu, les Faublas remportaient avec une merveilleuse facilité. Le

magnétisme lui semble un puissant auxiliaire
pour gagner la victoire et le dispenser de ces
propos galants que la timidité retient dans la
gorge du jeune conquérant, en qui l'émotion
paralyse la langue et engourdit les membres.
Le magnétisme, en effet, fournit, ce qui est déjà
une bonne fortune, l'occasion de saisir les
mains, de poser les doigts sur le front, sur les
seins, voir même de les appuyer sur le cœur.
Or, en amour, les désirs naissent très-souvent
du contact des épidermes, le charme brûlant
qui embrase les sens d'un feu invisible étant,
comme nous le démontrerons, une véritable
électricité qui se dégage toujours par un frotte-
ment caressant, c'est toujours un grand avantage
de pouvoir se livrer à des passes et attouchements
qui, au lieu d'éteindre les sens, n'ont d'autre
résultat que de les éveiller; en un mot, d'établir
un rapport très-intime entre le magnétiseur et
son sujet. L'art de donner à son fluide magnétique un charme d'une irrésistible séduction est
heureusement très-inconnu des magnétiseurs
libertins; sans cela, l'entrée des salons serait
depuis longtemps fermée à cette science, dont
la main voluptueuse attiserait dans les sens des

femmes les feux inextinguibles d'une concupiscence inassouvie.

Si le magnétiseur est marié et que la Providence lui ait accordé une femme amoureuse de lui, il est inutile d'insister sur les émotions jalouses et les pénibles angoisses de son cœur d'épouse, en voyant son époux porter ses mains chéries sur la poitrine d'une autre femme qui se tord, le regard voilé, et le visage pâle sous son action magnétique, puis approcher ses lèvres de son front et faire courir dans sa chevelure frémissante un souffle puissant qui la rappelle, souriante, à la vie ; aussi beaucoup de jeunes et jolies femmes, l'œil humide de pleurs, nous ont supplié de leur indiquer les moyens d'entrer en somnambulisme, afin de soustraire leur mari à l'influence amoureuse de la femme qu'ils magnétisaient.

Les jolies femmes, pour influencer magnétiquement les hommes, n'ont qu'à le vouloir, pour ainsi dire, qu'à se montrer ; car, en elles, regard, sourire, son de voix, tout, jusqu'à fragile délicatesse de chacune des parties qui constitue cet être frêle et charmant, mis sur la terre pour nous soutenir, nous consoler, nous guider dans le pénible pélerinage du temps à l'éternité, produisent le phénomène que l'on nomme attraction magnétique, et vulgairement connu sous le nom d'attraits ; c'est à l'aide de cette puissance invisible que le serpent attire le petit oiseau en sa gueule vénimeuse, que le chien tient les perdrix en arrêt, et que la femme ravit l'homme et l'amène doucement dans ses bras et contre son sein. Les femmes, généralement, se complaisent dans l'exercice de leur puissance attractive, qu'elles s'efforcent d'augmenter par tous les moyens possibles ; car, ne pouvant pudiquement courir après les hommes, elles ont soin d'étudier avec persévérance les moyens magnétiques de les attirer à distance, de les séduire, de les tenir enchaînés par les liens d'un tendre amour. Leurs arsenaux sont des armoires remplies d'indiscrètes dentelles qui ne montrent rien, mais laissent tout deviner ; de robes qui les parent, en montrant leurs épaules d'un cintre parfait, recouvertes d'une chair éblouissante et satinée, leur poitrine d'un blanc de marbre ; en un mot, tous ces habillements que l'on revêt pour aller au bal, dont le mérite suprême est de déshabiller avec assez d'art pour mettre à nu tout ce qui, chez les femmes, a des attraits pour l'homme, et peut décemment être livré aux yeux. La vraie beauté d'une femme consiste en ce que tout, dans son attitude allanguie, dans son sourire gracieux, dans le timbre suave de sa voix, dans la tendresse onctueuse de son regard, disent aux sens, au cœur et à l'âme de l'homme ce mot d'amour, *viens*. Cette attraction, divinisée par les Grecs et tous les peuples de l'antiquité, avait à Tyr un temple où on la vénérait sous le nom d'Astarté, à Cythère sous celui de Vénus. Notre bien-aimé maître et modèle Jésus-Christ l'a agrandie et épurée au jour où se tournant l'œil rempli d'une infinie tendresse, vers les petits, les faibles, les souffrants, dont les ambitieux avaient souvent exploité la misère, mais que le monde avait toujours rebuté avec un dédaigneux mépris, il les appela avec amour sur son sein et dans ses bras divins, en disant : « Venez à moi, vous tous qui êtes accablés et souffrants, et je vous soulagerai. » Et à la pêcheresse prosternée : « Il te sera beaucoup pardonné, car tu as beaucoup aimé. » O mes frères en haillons et mes sœurs proscrites, cessez de murmurer et de blasphémer ; car le Christ, en remontant au ciel, ne vous a pas entièrement abandonnés, il a laissé à ceux qui, ici-bas, s'efforcent de marcher sur la trace de ses pieds bien-aimés, son cœur pour vous aimer, sa grâce pour vous attirer contre leur cœur, et vous presser sur leur poitrine brûlante du désir de fondre leur âme à votre âme. Venez, ô vous tous qui êtes tristes, unissons-nous en Jésus, nous serons plus heureux et plus forts que ce monde qui n'aime pas et dont le visage est égoïste et sombre, parce qu'il a repoussé Dieu, la lumière et la vie.

Nous touchons à une des questions qui préoccupent le plus activement les intelligences, à un problème supérieur aux mesquines dissensions des partis dont la solution n'existe que dans les régions élevées du monde des causes où se forge le foudroyant tonnerre de l'insurrection qui éclate à certain jour sur l'univers terrifié. Nous abordons la popularité : quand les vastes courants magnétiques de l'opinion publique affluent sympathiquement à un homme, ils l'environnent d'une atmosphère lumineuse et le sacrent au front d'une auréole souveraine. Cette couronne, formée des rayons de l'enthousiasme et de l'amour, se nomme popularité; c'est une sorte de magnétisme amoureux exercé sur une immense échelle. Notre article serait incomplet si nous n'indiquions pas les moyens d'y arriver loyalement.

Le peuple a généralement un cœur de femme; il se passionne pour tout ce qui est grand, noble, généreux, inspiré; pour les cœurs vaillants qui comprennent qu'il en est des eaux populaires comme de celles d'un fleuve qu'elles portent avec amour les hommes à l'âme confiante, mais engloutissent avec mépris les lâches et les pusillanimes; il aime les cœurs compatissants qui poursuivent son bonheur et son émancipation à travers les baïonnettes et la mort; ceux qui, par une confraternité d'âme, aiment comme lui ce qui, dans la nature, est audacieux, écume, rugit et gronde, et parmi les hommes, ceux qui découvrent leur poitrine et bravent l'opinion publique, sachant, suivant l'opinion si élevée de M. Arthur de la Gueronnière, que les vents enracinent les arbres robustes en les secouant. Pour arriver à la popularité, il faut rompre avec les préjugés de son siècle, presser publiquement

contre sa poitrine son frère en hâillons et avoir
le courage de dire à l'ambitieux qui, semblable
à la mer, aspire sans cesse à couvrir de nouveaux rivages : tu n'iras pas plus loin. La passion est fille de la foi. Il faut être passionné
pour passionner. L'amour n'est pas un caprice,
un passe-temps qui naît d'un sourire, qui s'allume d'un regard à la lueur d'un punch flam-
boyant; c'est quelque chose de grand, d'orageux, de terrible, qui saisit fatalement et fait
risquer sur un tapis vert son âme et sa vie; car
le souffle d'une femme dessèche ou vivifie le
cœur. Quand l'inspiration amoureuse s'est emparée d'un homme, il sent en lui un infini
besoin d'aimer. Alors, semblable au Coribante
antique, la chevelure en désordre, il parcourt
les bois et les hauteurs, cherchant à déverser
les flots d'amour qui font bouillonner le sang
de ses veines dans le sein bien-aimé de la bac-
chante échevelée; c'est un homme et une femme
ravis à la terre, qui vont se fondre en un être
unissant la vaillante énergie de l'homme à une
tendresse de femme, pour tout ce qui souffre
ici-bas.

Quand les hommes languissent sans souci de

leurs destinées éternelles, l'amour n'est plus
qu'un simple exercice corporel, une denrée qu'on
achète comme le boire et le manger; c'est pour
cela que la génération qui nous précède est
marquée au front d'une tache sordide de boue.
Sans croyance à l'éternité, à l'infini, au surnaturel, elle végète sans avoir jamais eu conscience
de l'amour; aussi rit-elle, son rire stupide et
moqueur, en voyant passer le jeune homme au
front pur, au regard timide, au sourire virginal,
car elle ignore en son aveuglement que les
luttes de la passion et de l'amour demandent
de jeunes athlètes qui aient prouvé leur puissance en se montrant forts contre les plaisirs
énervants, et en résistant vaillamment aux débau-
ches faciles qui éteignent l'âme, usent le corps,
émoussent les sens. Il faut un cœur noble et une
âme courageuse pour oser prétendre aux jouissances ineffables d'un amour infini, prix d'un
généreux dévouement. Quand on refuse de croire
au fluide magnétique à cause de son invisibi-
lité, on traite, pour la même raison, l'amour
de chimère, et l'on croit fou l'homme qui presse
avec passion, sur ses lèvres et contre sa poitrine, le bouquet qui a effleuré les traits char-

mants d'une femme aimée. Eh bien! dussions-
être traîné vivant sur la claie du mépris, nous
osons proclamer publiquement que cet homme
est sage, et que l'amour a ouvert ses yeux sur
les réalités invisibles aux sens grossiers des
hommes bornés, et lui a révélé, par un sublime
pressentiment, que cette femme ayant laissé à
ce bouquet une partie de son essence vitale, elle
y restait contenue réellement et en vérité; de là
cette tradition amoureuse qui fait que l'on porte
avec une tendre vénération, encadrés dans des
médaillons, nattés en bracelet, des cheveux d'une
personne absente; car alors il semble qu'elle
ne vous a pas entièrement quittée. On peut
traiter cela de superstition. Les esprits raison-
nables ne prendront pas la peine de nous réfuter; ils nous railleront, peu nous importe.

Parmi nos lectrices, il y aura sans doute des
femmes qui, ayant lutté contre l'incroyance de
leur temps, croiront en nous; car souvent, en
embrassant avec enivrement la tresse de cheveux
d'un être aimé, elles ont senti son souffle brûlant effleurer leurs lèvres, et son âme revenir
s'unir à leur âme. Au lieu de nous laisser bal-
loter par les doutes du siècle, aimons-nous pas-

sionnément; car aimer, c'est jeter une ancre qui nous retienne en face du port de l'éternité, avec l'espérance assurée d'y entrer au jour du grand triomphe de la mort; voluptueux anéantissement de notre corps dans l'infini.

A l'âge où le jeune homme est à peu près formé au physique, quand sa taille a atteint son terme dernier de croissance, il sent en ses membres une surabondance de force, en ses veines un souffle phosphorescent qui les embrase; enfin, en tout son être un besoin infini d'épanchement qui fait de cet être encore frêle, à la chevelure ondoyante, au regard ardent, aux lèvres amoureuses, l'amant de la nature entière. Cet excès de puissance vitale provient du repos où se trouve alors l'esprit générateur, nommé en hermétisme *mercurius, vivus* qui, après avoir développé ses membres, s'y ennuie, et, dans l'inquiète impatience de sa nature active, sent le besoin d'effusion et d'épanchements extérieurs. Aussi trouvons-nous inutile d'insister sur cette grâce d'état, qui fait que les jeunes gens qui se mettent avec une généreuse charité à exercer l'action magnétique sur de pauvres malades, se trouvent délivrés de ces

impérieuses tentations, de cet orage fougueux
de la passion qui gronde sourdement dans les
sens révoltés des jeunes hommes ; car c'est cette
essence vitale, source des convoitises charnelles
qu'ils émettent dans les passes magnétiques,
et qui jaillissant en aigrettes lumineuses de
leurs doigts dévoués, va s'infiltrer dans les
membres de l'infirme qu'elle ranime et qu'elle
rend à la santé et au bonheur; tandis que d'autres, le front plombé par le vice, s'en vont porter la virginité de leur sang et la vie de leur âme
dans un de ces bouges ignominieux qui ont des
vitres dépolies, dans la crainte que le soleil, ce
regard des cieux, en éclairant les turpitudes
infâmes qui s'y passent, n'y ternisse la pureté
de sa lumière. D'autres, plus raffinés dans l'art
de se dégrader, échangent de l'or contre la chair
d'une de ces créatures aux vêtements somp-
tueux et à équipage, qui se fait encore payer
pour épuiser dans les veines d'un jeune homme
riche, beau et généreux; un sang qui est le sang
de la patrie, de l'avenir et de l'éternité, et ta-
rir en son âme la croyance et l'amour.

Ne maudissons cependant pas la divinité de
ce qu'elle a mis en notre poitrine ces terribles

tentations dans nos membres, cet infini besoin d'épanchement; car c'est au moment où les sens se révoltent, que l'on se sent vraiment un homme, et la passion noblement et intelligemment guidée, se change en un grand amour de l'humanité; c'est la flamme de l'amour qui éclaire l'intelligence, qui reluit doucement dans le regard; c'est elle qui, contenue dans le cœur comme dans une lampe d'or, sacre d'une auréole de lumières le front des hommes qui ont eu la puissance de rester souverains d'eux-mêmes.

Les hommes de ce siècle sont si éloignés de la vérité et de la divinité, que les psaumes, ces sublimes inspirations du roi prophète David, conversant avec son Dieu dans des moments de célestes ravissements et d'extase divins, ne sont plus aujourd'hui que des chants monotones qui ne réveillent plus l'intelligence endormie du vulgaire. Les mots qui, suivant Vico, renferment la haute philosophie des premiers instituteurs du genre humain, ne sont plus que des sons que, comme un stupide écho, la bouche répète sans soupçonner que sous leur écorce est contenu un fruit de vérité et de vie; en sorte

que le jour où, les dépouillant de leur enveloppe les hommes en saisiront l'esprit, il n'y
aura plus ici-bas ni panthéistes, ni sceptiques,
ni matérialistes, ni rationalistes ; mais un peuple
fervent d'hommes connaissant, aimant, servant
et bénissant Dieu en leur âme. Si nous nous
appesantissons souvent sur l'étymologie, c'est
que nous tentons cette grande conversion du
monde à la vérité éternelle par la régénération
du langage. Lorsque les yeux de l'âme contemplent les réalités du domaine invisible du surnaturel, ils saisissent les hautes vérités où l'esprit
voilé sous les lettres des mots. Ainsi, le mot
d'*amour, séduire,* formé de (*ducère,* amener se
à soi) est sans signification pour l'homme borné
qui ignore l'énergie puissante de l'attraction
magnétique qui, depuis le commencement du
monde, sous le regard bienveillant du roi des
cieux, opère d'héroïques prodiges dans les âmes.
Durant le moyen-âge, cette époque qui vit naître la sublime institution de la chevalerie, des
hommes animés du grand amour de l'infini, les
preux, après avoir arboré l'étendard chrétien au
sommet des tours de Jérusalem, sentaient un
souffle de femme pénétrer l'acier de leur cui-

7

rasse et les saisir au cœur; attirés par cette force invisible et charmeresse, ils retraversaient les mers et accouraient des extrémités de l'Orient au fond d'un manoir ignoré, où une noble châtelaine, au visage pâli dans les jeûnes et la prière, anges aux yeux bleus remplis d'enivrantes tendresse, pressait avec effusion et amour contre son sein vierge leur tête, brunie par le soleil de l'Asie, cicatrisée par le fer musulman; baisait de ses lèvres pures leurs cheveux, puis prenait pour époux celui qui avait prouvé aux mahométants que dans ses veines bouillonnait un sang avide de couler pour sa dame, sa patrie et son Dieu. Fils des croisés issus de ce sang généreux, quand nous renions le Christ pour notre sauveur et maître, nous déterrons le glorieux squelette de nos ancêtres, et nous souffletons leur face vénérée avec la main impie d'un Voltaire, d'un Dupuis ou d'un incroyant moderne.

Des hommes, qui ignoraient la portée de leur parole et ne soupçonnaient même pas le sens des mots dont ils se servaient, nous ont traité d'homme mystique, sans se douter que la racine étymologique de ce mot signifie voiler, tandis que nos écrits ont pour but de dévoiler ; d'autres ont traité nos doctrines d'illusions de jeunesse : illusion encore, suivant la racine étymologique du mot, signifie erreur, et si nous suivons des errements, ce sont des errements sublimes, car nous suivons toujours les traces des plus illustres génies des siècles écoulés. Quant au mot jeunesse, nous l'acceptons comme synonyme de fougue, de passion et d'enthousiasme ; cependant nous avons toujours, pour substratum ou base de nos ouvrages, la tradition révélée, dont l'enseignement dans l'antiquité était confié aux prêtres, dont le nom signifie vieillards. Nous avons cru nécessaire d'entrer dans cette digression pour éviter d'entendre traiter de mysticisme les idées qu'il nous reste à émettre sur la nature des attractions amoureuses. La puissance attractive prend vulgairement deux noms : celui de charme et celui de grâce. La définition de ces deux attractions jettera une clarté utile sur ces deux mots, qui vibrent sans cesse aux oreilles. La grace, à proprement parler, est la vie spécialisée en l'âme ; c'est une lumière douce et pénétrante, qui voltige, pour ainsi dire, sur les lèvres et rayonne avec suavité dans le regard ; c'est une lueur de l'autre vie qui angélise les traits. C'est une atmosphère d'invisible ivresse, qui saisit au cœur comme un reflet de la beauté éternelle, qui est Dieu; c'est le lien mystérieux qui unit les hommes en les reliant à la divinité. Sa manifestation étant le résultat de l'épanouissement de l'âme sur les traits, le christianisme, loin de la détruire, a fait ruisseler des torrents d'onction et de grâce céleste sur le front des nouveaux convertis; car la grâce est un vêtement d'incorruptibilité, ou, suivant la belle expression de saint Paul, notre maître en l'art de penser et de dire, « une armure de lumière. »

La grâce tend surtout à unir les différents membres de la grande famille humaine en un même amour, afin que, suivant le mot énergique de l'apôtre, les hommes n'aient plus ici-bas qu'un cœur et qu'une âme. Aussi le mot charité, mot tout chrétien comme le sentiment qu'il exprime, est formé d'un mot grec signifiant grâce.

Quant au charme, c'est le rayonnement lumineux de l'essence vitale de chaque être humain; les yeux le répandent, quand ils deviennent humides de langoureuse tendresse ou d'amoureux désirs; les lèvres l'envoient dans un doux et suave sourire. Il naît d'une pose nonchalante, d'une attitude al'anguie, d'un timbre de voix mélodieux; quelquefois même des gestes rudes, irrités, des mouvements brusques et furieux, symptômes de fougue et de passion, le lancent en foudre brûlante dans le sang, où il allume les feux inextinguibles de ces amours orageux dont le cœur conserve toujours le souvenir mugissant, semblables à ces beaux coquillages abandonnés sur le sable de la plage, qui gardent toujours en eux l'écho des sanglots de la mer.

Comme une flèche d'or, le charme, pénètre au cœur et le fait battre plus rapidement; alors le sang, animé d'une vie nouvelle, embrasé d'un souffle de feu, se met à circuler dans les veines avec impatience; comme la vapeur, il témoigne, par la fervente ardeur de son bouillonnement, son impérieux désir d'épanchement extérieur; d'autres fois, essence parfumée, subtile et pénétrante, il enivre doucement les sens, puis finit par attirer sa proie enroulée, pour ainsi dire, dans ses liens invisibles. C'est souvent les natures les plus faibles qui ont au plus haut. degré cette puissance mystérieuse qui ravit.

Le charme, comme on le voit d'après notre définition, varie à l'infini, différant de nature suivant chaque individu ; il est modifié en outre par les dispositions de cœur ou d'esprit où l'on se trouve. Il y a des lois occultes qui régissent cette puissance d'attraction ; nous les développerons longuement lorsque, traitant de l'harmonie sociale, nous dévoilerons les lois qui président à la relation des sexes. Beaucoup ont cru constater, dans les attractions passionnées, le résultat d'une grande affinité de fluide. Un grand philosophe, Platon, dominé par cette erreur, n'a voulu voir dans la femme que la moitié complémentaire de l'homme. Pour nous, plus d'accord avec les doctrines de l'initiation, nous considérons l'amour comme l'harmonie des contraires, car le charme tend toujours à cette fusion de molécules de nature différente, appelée en chimie cohœsion. Outre l'attraction, le charme produit la volupté et l'enthousiasme ; de même que chaque nation, pour être réputée brave, doit compter parmi ses citoyens un certain nombre qui, facilement enivrés par la musique, le bruit

des armes, l'odeur de la poudre exaltés, par les
mots de gloire, d'honneur, de patrie, versent
volontiers leur sang pour sa défense, de même
aussi une génération n'est belle et forte que
lorsqu'elle est le produit d'un sang versé le sourire sur les lèvres et la béatitude dans le regard.
Le christianisme, pour doter ses enfants de
beauté, de bonheur et de charme, a mis au
monde deux vertus, la pudeur et la chasteté; il
a couvert d'un voile respectueux le corps que
saint Paul nomme temple de l'esprit saint, afin
que l'œil ne souillât pas d'un regard impur ce
sanctuaire vénérable, il a condensé, pour ainsi
dire, la vie en l'homme par la virginité, car il
savait que l'impudique débauché apporte à sa
fiancée un corps caduc, une âme éteinte, un
sang venimeux, un cœur flétri et ne crée que
des enfants cadavéreux, au corps malade, à l'âme
incroyante. Les Luther, les Calvin, non contents
de déformer les sociétés et la religion, protestèrent contre le supplice attrayant de la chasteté. La philosophie du dix-huitième siècle lui
a jeté son éclat de rire à la tête; pour nous, fils
du dix-neuvième siècle, ceignons nos tempes
jeunes et délicates de la couronne d'épines d'une

héroïque austérité, pour résister à l'invasion
d'un immonde matérialisme qui transformerait
la société en une étable à pourceaux.

L'école ignorante qui reproche au christianisme d'avoir flétri la beauté, l'accuse de plus
d'avoir détruit l'amour. Il est vrai que si l'on
prend pour personnification du christianisme
ces natures quinteuses, moroses, revêches,
drapées dans l'intolérance la plus répulsive,
qui, sous prétexte de catholicisme, déversent
leur fiel sur tout ce qu'il y a de grand et de
noble ici-bas, ces reproches sont fondés; mais
la religion d'un Dieu d'amour et de mansuétude
n'a rien de commun avec ces êtres disgracieux,
qui ne sont pas des chrétiens, mais tout simplement des crétins.

L'amour, avant la naissance de l'Enfant-Dieu
dans la crèche de Bethléem, n'existait pas, à
proprement parler; ce n'était qu'une attraction
magnétique des sens finis. Mais quand le christianisme eut revivifié l'âme, il se passa quelque
chose d'inoui dans le monde : l'homme qui,
jusque-là, avait aimé la femme d'une façon toute
animale, l'aima d'une façon sublime; car l'âme,
en vertu de sa nature infinie, peut seule aimer

d'une manière infinie. L'amour borné et matériel, comme les organes grossiers des sens, de-
vint immortel et illimité comme l'âme. Le
christianisme venait d'accomplir l'œuvre de la
grande régénération humanitaire : l'homme, en-
lacé dans les bras avides d'une femme aux lèvres
pleines de grâce, commençait ici-bas une vie
d'ineffable béatitude, qui devait se prolonger
dans l'éternité. Mais cette vie de l'âme, qui faisait l'humanité grande, belle et heureuse, le
souffle malfaisant de la réforme et de la philosophie l'a éteinte ; en sorte que, dans ce siècle,
l'homme aime la femme d'une façon toute vé-
nale. Il y a cependant, nous devons l'avouer, des
femmes qui ont conservé la vie en leur âme ;
natures inassouvies, elles passent leur jeunesse
à chercher une âme qui, comme la leur, souffre
de cette soif terrible, de l'infini qui les dé-
vore : pauvres créatures méprisées d'un monde
trop étroit pour comprendre que, comme le ca-
lice de la fleur ou l'urne d'argent de l'encen-
soir, il faut que le cœur soit violemment agité
par le vent des passions pour exhaler le parfum
suave de l'amour, elles n'ont de refuge que
dans les bras et sur la poitrine de Dieu, qui

pardonne beancoup à celles qui ont beaucoup aimé.

Nous avons démontré que souvent le magnétisme, exercé par des mains licencieuses, au lieu d'engourdir les membres en les plongeant dans le sommeil et d'éteindre les sens, les allumait au feu impur d'une concupiscence bestiale. Dans ce cas, au lieu d'endormir, il éveille. Nous n'avons pas dissimulé non plus que le magnétisme ne portât souvent le trouble et la désunion dans les familles; mais nous ne pensons cependant pas que les libertins, qui en font leur entremetteur amoureux, et les imbéciles, qui ont la stupide manie de consulter sans cesse leur somnambule sur la fidélité de leur femme, soient réellement des magnétiseurs sérieux; aussi leur débauche ou leur folie ne doit pas faire rejaillir la fange du mépris sur cette science et empêcher les intelligences d'élite de sonder le sommeil, cette mer profonde qui conduira l'humanité vers un monde qui n'existe pas encore sur la carte des connaissances actuelles. Bannir le magnétisme comme source d'attraction amoureuse n'est pas seulement ridicule, c'est impossible, car le magnétisme est

la vie et l'âme du monde ; il est partout : au
bal, où la jeune femme, abandonnée au tour-
billon de la valse, aux accords énervants d'un
orchestre, inondée des torrents de lumière qui
ruissellent sur ses épaules moites et nues,
tourne emportée dans les bras de son valseur,
dont elle entend battre le cœur contre le sien,
dont elle sent le souffle effleurer sa chair et fré-
mir en sa chevelure ; dans les romances, qui
parlent de l'humide rayonnement du regard,
du corail des lèvres, du blanc émail des dents,
du tendre roucoulement des cœurs qui s'aiment ; dans l'histoire, qui vous présente des
héros semblables à ce Corse au front pâle de
génie, les cheveux au vent, saisissant l'étendard
français et s'avançant sur le pont d'Arcole au
milieu de la mitraille, l'œil inspiré et la lèvre
souriante ; enfin dans la politique, qui montre
Hugo, le poète aimé de la jeunesse, désarmant
d'un regard les fusils furibonds de l'émeute,
puis se faisant l'écho compâtissant de tout ce
qui est pauvre, souffrant, exilé ou malheureux.
Voilà les astres qui, en ce siècle, font ruissler
tous les rayons embrasés d'un magnétisme
amoureux ; voilà les sources où l'on puise la

flamme divine qui allume l'inspiration et mêle au sang des veines l'électricité qui fascine et séduit, car il est un axiôme d'une vérité constante en amour : « Il faut être inspiré pour inspirer, il faut être charmant pour charmer, il faut être aimable pour être aimé. » Or, au lieu de composer des filtres à bases sanglantes, roulons-nous avec amour dans ce torrent de volupté et de lumière qui est la vie, le magnétisme et le charme, et qui a pour nom : Dieu.

VI.

Réfutation de cette opinion : Jésus-Christ était un magnétiseur.

> Cet homme était vraiment fils de Dieu.
> LE CENTENIER.

Les savants du magnétisme constituent une espèce de maçonnerie mesmérienne. Ces initiés donnant une extension extravagante aux résultats obtenus, s'attachent à faire de leur science une philosophie et une religion. Ces rêveurs se nomment magnétistes, leur secrète ambition ne se borne qu'à reproduire les miracles du Christ; en attendant, ils s'entourent et vivent au dépens de disciples crédules qui, à l'exemple de leur maître, professent hautement un souverain mépris pour les savants docteurs de la religion catholique et les magnétiseurs praticiens. Ces confréries n'ont, d'ailleurs, aucun rapport avec les sociétés occultes du moyen-âge,

8

dont le but était, dans ces siècles de foi, d'édi-
fier les cathédrales et de sculpter sur les pierres
de ces monuments les symboles mystiques des
initiations orientales ou les douze travaux hermétiques. Les magnétistes ne créent que des
systèmes, qu'ils ont soin de revêtir de termes bi-
zarres qui effarouchent les oreilles les plus cou-
rageuses, tels qu'hynoscopie, onirochrismodie.
hymnamphibologie. Ils espèrent, à l'aide de ce
barbare hellénisme et d'une science indigeste,
en imposer au public, trop intelligent pour ne
pas s'apercevoir de leur grossière jonglerie; ces
hommes ne sont pas seulemeut ridicules, mais
ils sont encore dangereux; car ces magnétistes,
qui aspirent à égaler le Christ, s'efforcent de
dépouiller de son auréole divine le front sacré
du fils de Marie; ils attaquent les croyances religieuses du jeune homme, et après lui avoir
arraché sans remords sa foi et ses espérances de
chrétien, parfum céleste d'une âme innocente,
ils jettent son esprit dans un monde fantastique.
Il est malheureusement bien rare, quand on a
quitté l'arche de la vérité, pour parcourir avec
de semblables guides les régions nébuleuses de
cet univers chimérique, de revenir un jour à la

réalité en rapportant de ces contrées inconnues le vert rameau de l'olivier. Pour assurer sa marche dans le désert du magnétisme, il faut la clarté divine d'une colonne de feu ; la lumière des vérités religieuses peut seul dissiper les épaisses ténèbres du somnambulisme.

La haine de Jésus-Christ est si violente dans les hommes pervertis, qu'ils ont recueillis dans leurs rangs, enrôlés sous leur bannière les magnétistes, et sans s'apercevoir de la folie dangereuse de ces rêveurs ridicules, ils ont armés leurs mains de glaives empruntés à l'arsenal de ces maniaques. Nous devrions peut-être répondre aux arguments tirés du somnambulisme contre la divinité du Christ, par le mépris du silence, mais nous ne pouvons résister au désir de mettre en lumière l'absurdité des doctrines des philosophes allemands, qui passent trente années de leur vie à forger des armes contre le christianisme, qui volent en éclats au premier choc d'une épée française et catholique. Notre but, en faisant rayonner autour de la douce et pâle figure du fils de Dieu l'auréole de son irrécusable divinité, n'est pas d'apporter aux roués sans conviction, le concours de notre plume croyante; nous répudions, au contraire, toute solidarité avec les hypocrites qui font du nom sacré de Dieu la serrure de leur coffre-fort, de la religion un frein, qu'ils veulent passer dans la bouche du peuple pour dompter la fougueuse ardeur qui l'emporte invinciblement vers la liberté, la justice et la gloire; nous voulons émettre l'intime conviction de notre âme; car les temps sont passés où l'on disait au peuple : adore et tais-toi. Maintenant, on ne ramènera la conviction en son cœur qu'en éclairant les vérités du christianisme de la brillante lumière de la lampe d'or de l'initiation, et en lui disant : vois et croit; alors comme le Centenier, il s'écriera, en tournant son cœur avec amour vers la croix : Cet homme était vraiment le fils de Dieu.

Nous allons réfuter la doctrine des magnétistes allemands et français; nous tenons à indiquer tous les écueils, afin que l'on puisse naviguer sans crainte pour sa foi sur la mer inexplorée du magnétisme, à l'aide de cet ouvrage destiné, dans notre intention, à être la carte routière de tous ceux qui étudient cette science.

Voici dans toute leur force les arguments
fournis au scepticisme contre la divinité, par
les magnétistes :

Sous le règne de Tibère, on voyait en Judée
un homme remarquable, du nom de Jésus. Sa
chevelure, divisée en deux parties égales par
une raie, indiquait un homme de la secte des
Nazaréens (secte versée dans les sciences occultes et qui faisait profession de fraternité). Cet
homme parcourait les bourgades, les villes et
les campagnes, suivi d'une foule nombreuse de
peuple qu'il avait séduite par la beauté de ses
traits, l'harmonie de son langage, la sublimité
de ses discours, fascinée par les prodiges éclatants qu'il donnait en témoignage de sa divinité. Après ce portrait rapide du Sauveur, les
auteurs que nous entreprenons de réfuter, ex-
pliquent ainsi les miracles de Jésus-Christ :
Lorsque la philosophie entreprit de lutter contre le christianisme, elle comprit que, des miracles du Christ, était née la croyance des
femmes, des enfants et du peuple, à sa divinité.
La philosophie nia donc hautement que Jésus-
Christ eût jamais opéré de prodige ; ces déné-
gations furent impuissantes. On ne nie pas un

fait qui s'est passé devant plus de trois mille témoins. Les juifs, plus habiles, tachèrent de les expliquer, en disant qu'il avait dérobé le nom de Dieu dans le temple. Julien l'Apostat, en écrivant que d'autres, sans être fils de Dieu, en avaient fait avant lui. Aujourd'hui, que les sciences ont fait un pas, nous avons découvert les secrets moyens employés par le Nazaréen Jésus. Comme lui, par l'imposition des mains, nous guérissons les paralytiques, donnons l'ouïe aux sourds, la vue aux aveugles, la parole aux muets, et rendons enfin le calme aux épileptiques, qui sont, sans aucun doute, ceux qu'en Judée on nommait possédés. A ces objections tirées de l'imagination rêveuse des Allemands, nous allons répondre par l'exposé des phénomènes le plus magnifique opéré par le magnétisme; ce parallèle montrera dans toute leur nudité la pauvreté de leurs arguments.

Nous ne nierons pas que quelques somnambules, douées du don de prophétie, n'entrevoient les événements futurs, mais quelle incertitude, quelles vacillations dans leurs réponses. Le sphinx harcelé, laisse bien tomber çà et là quelques lambeaux de son secret, mais c'est pour les reprendre aussitôt et les retirer dans ses dents, comme une proie mal lâchée.

Quant aux cures dues à l'action magnétique ou aux prescriptions somnambuliques, elles sont toutes dépourvues du signe caractéristique du miracle, l'instantanéité.

Un grand nombre de magnétiseurs se sont vantés d'avoir égalé le Christ par leurs miracles, et il s'est rencontré des hommes qui ont eu la crédulité d'ajouter foi à leur parole; si ces thaumaturges avaient précisé davantage leur prétention et qu'ils se fussent vantés de ressusciter les morts, lequel de leur trop crédules auditeurs aurait été assez simple pour écouter de sang-froid une semblable extravagance ?

Nous avons répondu aux arguments, mais nous ne pouvons sans scrupule en rester là, car nous avons tourné la question, mais nous ne l'avons pas résolue. Vainqueurs aujourd'hui, nous pouvons être vaincus demain, car, en résumé, nous n'avons prouvé que l'impuissance actuelle des magnétiseurs à égaler les miracles du Christ, et l'on peut parfaitement bien nous répondre qu'à mesure que cette science, encore débile et faible, comme tout ce qui est jeune, grandira ; elle accroîtra sa souveraineté. Encore quelques années, et l'enfant sera devenu un homme assez robuste pour pouvoir suivre noblement les traces laissées sur la poussière de Judée par les pieds du Christ. L'objection est sérieuse, elle semble invulnérable, nous en sommes heureux, et nous éprouvons une jouissance analogue à celle d'Hercule quand il étreignait contre sa large poitrine de héros les lions fauves du désert, et qu'ouvrant ses bras avec un sourire vainqueur, il les voyait tomber sans vie à ses pieds.

Un professeur d'histoire naturelle au Jardin des Plantes, Deleuse, homme de bien, qui employa le magnétisme avec succès à la guérison des maladies, a donné la première définition un peu précise du magnétisme, en disant que c'était *une émanation de nous-mêmes dirigée par la volonté.* Tous le magnétisme est contenu dans cette définition, car, magnétiser, suivant l'opinion encore plus progressive de M. Emile Teinturier, c'est faire rayonner son individualité afin de l'infiltrer dans les veines d'un autre; c'est inoculer son essence vitale dans les membres de son sujet, en sorte qu'il devienne parti-

cipant de .a substance de son magnétiseur ;
c'est un moyen, en un mot, de faire part de sa
santé à son ami malade, et par une réciprocité
nécessaire, de faire part de sa maladie à son
ami bien portant. Cela établi, nous en tirons
cette conséquence invincible que chaque homme
a un rayonnement spécialisé par son individualité, et que ce rayonnement possède une vertu
d'une bienfaisance d'autant plus puissante, que
l'homme est plus vertueux dans le sens religieux
de ce mot; car dans le monde supérieur des
causes, comme dans celui de l'étymologie, faire
son salut, c'est tout simplement travailler à
l'épurement de son essence individuelle par la
sanctification. Ces grandes notions de thaumaturgie une fois admises, on voit clairement que
Jésus-Christ a opéré les miracles cités dans
l'Evangile, parce qu'il était doué d'une individualité divine, par conséquent fils de Dieu.
Plus l'homme se rapprochera de Dieu par l'a-
mour et la prière, plus il attirera en lui cette
grâce sanctifiante qui plaît, charme et guérit. Il
faut donc, ô fils de l'avenir, que par nos œuvres
d'édification, nous édifiions en nous un sanctuaire où l'esprit de Dieu, qui parle par la bou-

che des prophètes et dissipe les ténèbres de la maladie, viendra résider avec délices. Tandis que les enfants de ce monde font de Dieu un homme, nous, enfants de lumière, souvenons-nous que saint Paul nous a dit que Dieu s'était fait homme pour que l'homme se fît Dieu. Plus nous imiterons Jésus, plus nous serons sains et parfaits de corps et d'esprit. La sainteté est mère de la santé. Les plus illustres médecins furent Jésus et ses apôtres, dissipant les ténèbres de la maladie d'un geste et d'un regard. Les pères de l'Eglise, les docteurs, étaient si persuadés de cette vérité, qu'ils avaient un même mot pour désigner la sainteté et la santé, le mot *salus*.

Sous le règne de Constantin, des hommes proclamèrent que Jésus-Christ n'était pas le fils de Dieu. Cette opinion se propagea rapidement dans l'empire, et bientôt l'arianisme campa fièrement en face du christianisme. L'empereur, comprenant l'importance d'une question aussi vitale, se garda de vouloir étouffer dans le sang cette querelle religieuse, car il avait appris, en recevant le baptême, que l'unique souverain des consciences est Dieu, et qu'il y a toujours impiété et sacrilége à porter une main despotique sur la région sacrée des âmes; il en appela à une libre discussion.

Tous les évêques du monde chrétien, vieillards blanchis dans l'étude, solitaires sanctifiés dans la contemplation, martyrs cicatrisés glorieusement par le fer des persécutions précédentes, se mirent en marche et se réunirent à Nicée. Là, après une longue et sérieuse discussion, l'Esprit Saint, siégeant en l'âme des évêques rassemblés, rendit par leur bouche cet oracle de la vérité éternelle : « Jésus est réellement le fils de Dieu. » Aujourd'hui nous assistons à un spectacle d'un burlesque inouï; des marchands de vin, au ventre en futaille, des épiciers, au rire idiot, des courtauds de boutique se réunissent gravement autour d'une chope de bière, et là, de par Voltaire, ils cassent l'arrêt du concile de Nicée et déclarent que Jésus-Christ n'est pas fils de Dieu. Ignorants, qui avez la prétention grotesque de résoudre les hauts problèmes de la sagesse divine, comparez, comme à Nicée, les essences de chaque individualité, pesez et calculez leur puissance thaumaturgique, mettez-les en parallèle avec celle du Christ, examinez-

les, appréciez-les, et concluez ; mais, en atten-
dànt, gardez-vous de porter un jugement téméraire sur ce que vous ne concevez pas, car vous
ressembleriez à des hibous critiquant la lumière
du soleil.

Si les femmes niaient jamais la divinité du
Christ, nous nous bornerions à faire passer devant leurs yeux la troupe des jeunes chrétien-
nes, blanches victimes, se rendant au supplice
pour signer de leur sang leur profession de foi
en la divinité de Jésus-Christ, et l'héroïsme,
l'enthousiasme, le désintéressement sont si con-
tagieux parmi les femmes de France, qu'elles
envieraient bientôt le sort de leurs sœurs qui,
pour leur laisser intact l'héritage des vérités
éternelles, portaient aux bourreaux leur tête
rayonnante du reflet de la béatitude divine,
qui resplendit lumineusement au front des
saints, quand d'un pas assuré ils montent au
ciel. Mais si les adversaires de Jésus-Christ ne
portent pas dans leur poitrine un cœur à séduire, ils ont dans leur crâne un cerveau à con-
vaincre. C'est donc par les arguments empruntés à l'ordre philosophique le plus élevé que
nous avons renversé le fragile édifice de leur

négation impuissante. Nous n'appartenons pas, par notre profession à la race des banquistes, des chevaliers d'industrie et des agioteurs ; nous n'avons donc aucun ressentiment contre le Christ pour les coups de lânière qu'il infligea aux vendeurs du Temple, juifs adonnés à la pratique de la friponnerie organisée : nous n'affichons pas sur nos visages une dévotion absente de notre cœur ; nous ne gardons donc aucune rancune à Jésus pour les discours dans lesquels il démasqua publiquement les hypocrites de son temps, nommés les Pharisiens, qui, en haine de lui, s'unirent, pour le perdre, aux Saducéens, esprits forts de Judée, qui niaient l'immortalité de l'âme. Nos ancêtres, à nous, ce sont les mages qui vinrent offrir à l'Enfant-Dieu de l'or, de l'encens et de la myrrhe, ce sont ces chrétiens des catacombes ; car, comme eux, nous verserions pour Jésus-Christ jusqu'à la dernière goutte de notre sang, bouillonnant pour lui d'espérance et d'amour.

9

VII.

Supériorité du somnambulisme sur la prestidigitation.

> Rien n'est brutalement concluant comme un fait.
>
> BROUSSAIS.
>
> Nous ne sommes pas des hommes crédules, mais des hommes croyants,

Déconsidéré par ses dangereux amis, attaqué par des ennemis acharnés, le somnambulisme n'a pas encore jeté les clartés de son magique flambeau sur les mystères de la nature, lorsque, quittant ces antiques asiles, il manifesta sa puissance au monde par des phénomènes publics ; il éveilla dans l'âme des générations assises à l'ombre du doute, l'espoir d'une autre vie. Malheureusement, son vif éclat se ternit au souffle impur des bateleurs de la science, qui en firent une spéculation mercantile, et on rougit d'y avoir ajouté foi. Cependant des hommes aux idées élevées, à l'âme généreuse, tristes de voir cette science presque divine exploitée par le charlatanisme ou rendue ridicule par les rêveries systématiques des magnétistes, viennent de la ranimer par un dévoùment consciencieux, et de nouveaux prodiges étonnent le monde.

L'étude de ces merveilles, auxquelles nous avons une foi robuste, se présente à nous avec l'intérêt de l'inconnu et l'utilité d'une science attachante; si nous avons décrit avec tristesse et répugnance les trucs nombreux des charlatans du magnétisme et les dangereux systèmes des disciples de Mesmer, c'est avec plaisir que nous ferons connaître les prodiges de la magie de la science près desquels toute férie est vraisemblable, toute poésie vulgaire. L'esprit découvrira alors, par de larges échappées de lumière, des horizons nouveaux aux arts, à la métaphysique et à la médecine. Ces faits renversants, au-dessus de la raison, en dehors du connu, et par cela même si embarrassants à avouer pour nous, sont publics et tous les jours vous-mêmes vous pourrez les voir de vos yeux, les toucher de vos mains.

Les merveilleuses prédictions de Mlle Lenormand avaient entraîné tous les esprits avides de merveilleux, les amants du surnaturel vers la cartomancie; à sa mort, la lucidité de quelques somnambules attira de nouveau l'attention folâtre, volage et capricieuse des Français sur le terrain du somnambulisme.

Il nous serait infiniment facile de composer un gros volume de tous les faits vus, palpés, acquis, qui sont à notre connaissance, mais nous nous bornons à renvoyer nos lecteurs à l'Almanach de la *Sience du Diable* de 1849 et 1851 ; cependant, avant de passer à l'explication de ces phénomènes, nous croyons nécessaire d'en citer quelques-uns, les noms des personnes qui en furent les témoins sont trop illustres pour qu'on puisse les accuser d'une ingénue crédulité. Commençons par un fait publié par Alphonse Esquiros, dans la 24e livraison de la *France Littéraire*, et qu'il nous a afirmé lui être réellement arrivé quant il magnétisait sa mère.

Il lui dit : Pourriez-vous prévoir aussi bien un avenir qui reposerait tout entier sur le hasard? Pourriez-vous par exemple fixer les chances d'une loterie? — Je ne crois pas, ce serait difficile, répondit-elle. — Essayez! ici la somnambule se fit violence, ses efforts amè-

nent une réponse lente et pénible; je vois un
numéro, dit-elle. — Lequel? — Le 89, il est
bon, il va sortir... — En voyez-vous d'autres!
— Non. — Pourquoi? — Dieu ne veut pas...
Le numéro 89 sortit en effet au tirage suivant.

Est-ce le hasard? le hasard, alors, serait un bien
puissant magicien. Voici une curieuse séance
qui s'est passée chez Mme la vicomtesse de
Saint-Mars, M. Victor Hugo qui y assistait, avait
préparé chez lui un paquet cacheté au milieu
duquel se trouvait un seul mot imprimé en gros
caractère, le paquet fut d'abord retourné en
tout sens par le somnambule qui, au bout d'un
instant, épela p... o... l... i... poli, je ne vois
pas la lettre suivante, mais je vois celles qui
viennent après i... q... u... e..., huit letttres,
non neuf..., t... c'est un t... politique, c'est
bien cela, le mot est imprimé sur un papier
vert-clair, M. Hugo l'a enlevé d'une brochure
que je vois chez lui. Marcillet, qui avait magnétisé Alexis, demanda aussitôt si tout cela était
vrai à Victor Hugo, qui s'empressa de rendre
justice à la lucidité de son somnambule; depuis
ce temps la seconde vue compte Victor Hugo
au nombre de ses plus illustres défenseurs.

Alponse Karr, l'un des hommes dont la mysti-
fication semble la plus imposssble car la finesse
de son esprit est proverbiale en Europe, a
raconté ce fait qui lui est arrivé avec le somnambule Alexis :

J'étais venu avec plusieurs de mes amis avec
lesquels j'avais dîné chez l'un de nous. En
quittant la maison, j'avais cassé une branche
à un azaléc à fleurs blanchâtres, et j'avais mis
cette branche dans une bouteille à vin de champagne vide.

Celui chez lequel on avait dîné dit au somnambule : — Voulez-vous aller chez moi ? —
Oui. — Que voyez-vous dans mon salon ? —
Une table avec des papiers dessus et des assiet-
tes et des verres. — Il y a sur cette table quelque
chose que j'ai disposé à cause de vous, tâchez
de le voir. — Je vois une bouteille, dit Alexis,
il y a du feu, non, ce n'est pas du feu, mais
c'est comme du feu... la bouteille est vide,
mais il y a quelque chose qui brille... ah ! c'est
une bouteille à champagne... il y a dessus
quelque chose, ce n'est pas son bouchon...
mais c'est à la place du bouchon... c'est bien
plus mince par le bout qui est dans la bouteille

que par l'autre... c'est blanc, c'est comme du papier... tenez, et il dessina une bouteille avec la branche d'azalée, et il s'écria : ah ! c'est une fleur, un bouquet de fleurs, de fleurs blanches.

Depuis quelque temps le magnétisme sommeillait, ses merveilleux phénomènes n'étaient plus admis que par un petit nombre de croyants ; la plus redoutable conspiration s'était formée contre lui, celle du silence, quand sonna soudain l'heure de son réveil.

La *Presse* du 17 octobre contenait un long article dans lequel on relatait une séance de magnétisme dans laquelle le somnambule Alexis avait lu non-seulement dans des livres fermés, à travers plusieurs pages, mais encore des lettres cachetées ; en un mot, avait démontré que le fluide magnétique en illuminant d'une clarté surnaturelle l'intelligence du sujet magnétisé, permettait à son âme de transpercer les corps les plus opaques avec une facilité qui laissait loin d'elle tout ce que l'imagination prêtait de puissance à la magie. C'était l'âme parcourant l'infini domaine du temps et de l'espace, montée sur l'éclair, coursier divin au poitrail étincelant qui, au jour suprême de la mort, l'entraîne, suivant les decrets du Tout-Puissant, au fond des abîmes de l'enfer ou au sein de la pure lumière du ciel.

Cette séance était signée du nom d'Alexandre Dumas et s'était passée à sa maison de campagne, en présence d'hommes honorables qui avaient attesté la vérité des faits relatés au procès-verbal en le signant de leur nom.

L'étonnement fut général; Dumas, curieux de produire par lui-même les phénomènes dont il venait d'être le témoin, se laissa persuader par nous de magnétiser lui-même Alexis. Le 17 octobre, la *Presse* rapportait des prodiges encore plus surprenants, opérés par Alexandre Dumas; triomphant du temps qui n'existe que pour la matière, l'esprit du somnambule avait fait l'histoire d'une bague qui lui avait été présentée, avait dit le jour et l'heure où l'homme, qui la lui avait confiée, en était devenu possesseur. Puis, semblable à ces oiseaux qui fendent invinciblement les airs, son âme, portée sur l'aile d'une volonté étrangère, avait décrit, avec une admirable précision, Tunis et ses environs dont le nom seul lui était connu dans son état de veille; en un mot, l'espace et le temps avaient été vaincus. Grand nombre de journaux reproduisirent dans leurs colonnes le récit de ces séances, les autres protestèrent; ne pouvant attaquer l'honorable probité des hommes qui attestaient avoir vu de leurs yeux ces prodiges, ils s'efforcèrent de les ridiculiser en les représentant comme d'honnêtes gens dont on avait exploité la simplicité. Ils écrivirent qu'à l'aide d'une combinaison habile, Robert-Houdin produisait les mêmes merveilles, tous les soirs, dans sa jolie salle du Palais-Royal; malheureusement, l'illustre prestidigitateur avait écrit précédemment une lettre adressée au comte de Mirvil, publiée dans l'*Anthropologie catholique,* dans laquelle il reconnaissait l'impuissance de son art, pour enfanter les prodiges dont Alexis l'avait rendu le témoin, et où il certifiait, sur l'honneur, que ces phénomènes n'étaient produits par aucune subtilité d'une ingénieuse prestidigitation. Le 30 novembre, la *gazette de France,* en reproduisant cette pièce curieuse, dont nous allons extraire quelques lignes, ferma toutes les bouches:

« Monsieur,

« Comme j'ai eu l'honneur de vous le dire, je tenais à un seconde séance, et celle à laquelle j'assistais hier chez Marcillet, a été encore plus merveilleuse que la première et ne me laisse aucun doute sur la lucidité d'Alexis.

« Voici ce qui s'est passé, et l'on verra si jamais les subtilités ont pu produire des effets semblables à celui que je vais citer : je décachète un jeu apporté par moi, dont j'avais marqué l'enveloppe afin qu'il ne put être changé.... je mêle.... C'est à moi de donner, je donne avec toutee les précautions d'un homme exercé aux finesses de son art, précautions inutiles. Alexis m'arrête, et me désignant une carte que je venais de poser devant lui sur la table, j'ai le roi, me dit-il, mais vous n'en savez rien, puisque la retourne n'est pas sortie.

Vous allez le voir, reprend-il, continuez ; effectivement, je retourne le huit de carreau, et la sienne était le roi de carreau. La partie fut continuée d'une manière assez bizarre, car il me disait les cartes que je devais jouer, quoique mon jeu fut en ce moment caché sous la table et serré dans mes mains. A chacune de mes cartes jouées, il en posait une de son jeu sans la retourner, et toujours elle se trouvait parfaitement en rapport avec celle que j'avais jouée moi-même.

« *Je suis donc revenu de cette séance aussi émerveillé que je puisse l'être, et persuadé qu'il est tout à fait impossible que le hasard ou l'adresse puissent jamais produire des effets aussi merveilleux.*

« Recevez, etc.

« ROBERT HOUDIN.

« Paris, 16 mai, 1847. »

Ces fragments de lettre suffisent pour venger le magnétisme des attaques d'une raison étroite, qui opposait avec triomphe les opérations adroites de la magie blanche aux prodiges du magnétisme. Le premier d'entre les prestidigitateurs, l'un des plus habiles mécaniciens de ce siècle, dont la place est à l'Académie des sciences, a reconnu publiquement que son art était impuissant à réaliser de semblables miracles, et trouvant en Alexis je ne sais quoi de surhumain, il a eu la loyauté de proclamer ces convictions et d'obéir à sa conscience.

Ce qui a manqué aux faits d'Alexis pour triompher du doute des esprits, ce n'est, il faut en convenir, ni le nombre ni le merveilleux, mais la constance. Cette variabilité tient à deux causes principales, qui sont, en haute métaphysique, redoutées comme mère de l'insuccès.

La non-réussite est presque toujours produite par l'influence malveillante des assistants ou par le manque d'inspiration et de lucidité chez le sujet; car l'esprit d'inspiration ne visite jamais un somnambule à heure fixe, c'est un vent qui souffle où il veut et surtout quand il veut. Le somnambule est si sensible, si impressionnable, si susceptible, si irritable, qu'un seul désir est pour son âme un ordre de se transporter d'un bout du monde à l'autre. Il se passe souvent en lui un phénomène analogue à celui qui nous intéressait si vivement au temps de notre enfance, quand nous voyions, en lisant un conte de fée, un bon génie en train de produire, d'un coup de baguette magique, un nombre infini de prodiges fabuleux, qui se trouvait arrêté subitement dans ses merveilleuses créations par l'ordre d'un mauvais génie, qui, par jalousie ou par méchanceté, employait sa puissance à le rendre impuissant.

L'incrédulité du matérialiste, ennemi de tout ce qui est au-dessus de sa raison, vient (comme tous ceux qui se sont occupé de cette science ont pu le remarquer) jeter un coin du voile qui aveugle sa vue sur les yeux du somnambule. Le mauvais génie que nous maudissions en lisant les contes de fées n'est pas une chimère, mais une triste réalité ; c'est l'impiété qui a juré en son âme d'éteindre la flamme brillante de la vérité.

Nous devons paraître bien peu d'accord avec nous-même, car après avoir reconnu que pour croire il faut voir, nous venons dire maintenant pour voir il faut croire ; mais si nous attaquons l'incrédulité systématique, nous tendons une main amie au doute bienveillant, et les plus fervents défenseurs du somnambulisme ont été sceptiques. Admettant la possibilité d'une vérité attestée par des hommes graves, ils ont examiné le magnétisme avec un cœur droit, et la vérité a illuminé leur intelligence. Semblable à un navire sans vent qui gonfle ses voiles, l'esprit du somnambule, sans le souffle de l'inspiration, se tient immobile. Les images, une fois évoquées, se refusent à une seconde apparition; il n'aperçoit qu'un reflux d'ombres et de clartés qui s'entrecroisent perpétuellement dans un lointain insaisissable. Il ne peut rien distinguer, rien saisir; il ne voit autour de lui que des clartés mouvantes, des formes vagues, des réalités douteuses. En vain on le harcèle de questions; d'épaisses ténèbres ferment à ses yeux ce monde invisible à nos sens. Nous avons vu Alexis avoir conscience de cet état, et avertir que sa lucidité habituelle était absente quelquefois. Le nuage se déplace un instant, on espère; mais au moment où le somnambule va pour s'élancer dans ce monde de lumières, une nuée plus épaisse que les premières vient repasser devant ses yeux, qui s'entrouvent, et le replonge dans une nuit profonde. Cette variabilité est désespérante pour l'homme qui se laisse diriger dans ces études par un somnambule. Nous avons vu quelquefois l'obstacle matériel qui s'opposait à la vision devenir si épais pour le sujet, qu'il était contraint de se renfermer dans un mutisme absolu, fatigant

pour lui-même autant que pour les spectateurs.

Il nous reste maintenant à démontrer l'utilité
des séances de seconde vue et les services rendus à la société. Dans ce siècle positif, où
l'homme n'adore que l'or, ne croit qu'à la matière, la mission du magnétisme est de montrer,
par des faits matériels, que la matière sans
l'esprit n'est qu'une masse inerte, qu'un cadavre sans mouvement; que le monde physique
n'est que néant en comparaison de celui que voit
le somnambule en extase ; en démontrant par
des faits certains l'immortalité de l'âme, on ar-
rivera à jeter dans le cœur attristé des peuples
l'aspiration à un bonheur éternel, et le regard
des nations, abaissé vers la terre, se levera noblement vers le ciel.

VIII.

Explication du phénomène de la seconde vue.

> Dans l'antiquité, il fallait passer par l'Orient,
> pour arriver à la vérité.
>
> PELLETAN.
>
> L'électricité du magnétiseur galvanise l'âme
> du somnambulisme.

Les génies d'élite qui entreprirent de se faire les instituteurs des peuples, avant d'entreprendre cette tâche sublime, se rendaient dans les sanctuaires de l'anitique Orient, afin d'y apprendre, des lèvres vénérées des hiérophantes et des mages, les mystères secrets de la nature divine, de la nature humaine et du monde physique. Ces vérités, puisées dans les régions élevées du monde des causes, ces enseignements religieux, connus sous le nom de dogme, étant trop inaccessibles à la raison ou trop supérieurs à l'intelligence du vulgaire dans leur splendide nudité, ces savants initiés les revêtaient d'images et d'allégories nommées mythe, propres à s'imposer à l'esprit convaincu, en frappant les sens; cette coutume de revoiler la vérité, afin de la mettre à la portée de la raison débile des peuples encore enfants, fit donner aux législateurs sacrés le nom de *révélateurs* (du mot latin *revelare*, revoiler). Ces voiles, d'un splendide symbolisme, interposés entre la vue de l'intelligence et la connaissance des secrets mystères qui constituent l'organisme humain, le magnétisme, du bout de sa baguette magique, vient d'en relever le coin. Tous les esprits avides de vérité tâchent, à l'aide de l'intuition somnambulique, d'arriver à la connaissance du merveilleux mécanisme qui entretient la vie en l'homme; mais un nuage obscurcit encore leur vue, et l'humanité ignore toujours les arcanes de son individualité, au milieu d'un siècle qui s'est pompeusement baptisé du titre de siècle des lumières.

Le somnambulisme, cependant, vient d'ouvrir un jour sur ce monde de lumière, en sorte que tous les esprits progressistes entrevoient, dans un lointain encore insaisissable, un ensemble de vérités primordiales enchaînées mys-

térieusement et constituant la vérité qui, sous
le nom d'initiation cabalistique ou de tradition
révélée, sert de base à l'édifice social et religieux. Ces lois préexistantes ont des forces qui
cultivent les intelligences ; ces liens, qui unissent les hommes, ces vérités occultes et sacrées,
sont nécessaires à tous les hommes qui aspirent
à guider une nation dans le chemin de la sagesse. Aussi, en prenant en main la plume,
nous n'avons jamais aspiré à imposer nos idées,
mais à faire resplendir aux yeux de la raison,
soumise par l'irrésistible ascendant de la divinité, ces vérités, qui sont d'une indispensable
utilité. Tous les hommes qui, recueillis dans le
silence de la méditation, se livrent au travail si-
lencieux de la pensée, pensent qu'il est une chose
plus noble qu'étaler sur une scène politique le
spectacle de son individualité, c'est apporter
l'espérance aux âmes désespérées, la certitude
aux esprits inquiets. En un mot, nous voulons
dissiper les sombres images qui consternent les
visages attristés de nos frères bien-aimés de la
jeunesse moderne, car le besoin de l'infini courbe
les épaules sous une croix et ceint cruellement
d'une couronne d'épines le front pâli de ces

jeunes blessés de la vie. Dans le long travail que nous poursuivons à travers des chemins abandonnés depuis des siècles, nous rencontrons des obstacles terribles ; mais notre courage est loin d'en être ébranlé, car nous portons en notre poitrine brûlante un cœur embrâsé de la foi et de l'amour de l'humanité, et l'on ne sent pas les blessures de ses pieds déchirés par les ronces, ni de ses ongles saignants aux anfractuosités de rocher où l'on s'accroche, quand au bas du mont que l'on gravit il y a un abîme, et au sommet la pure et douce lumière d'une éternelle béatitude.

Notre début dans la littérature fut un petit livre intitulé : *Initiations aux mystères du magnétisme*. Nous l'avons composé sous l'inspiration d'un somnambule que nous magnétisions alors, nommé Victor Dumez. Ce livre eut deux éditions qui sont entièrement épuisées, et nous donna une entrée fraternelle au foyer des plus illustres écrivains du siècle ; plusieurs années se sont écoulées, et maintenant que nous le relisons, tout en reconnaissant la justesse de toutes les idées qui s'y trouvent renfermées, nous sommes contraints d'avouer qu'il ne con-

tient que des solutions et a pour base des dogmes catholiques, dont la vérité, qui est loin
d'être démontrée à tous les hommes, rencontrent
chaque jour de nombreux incroyants. Aussi, aujourd'hui, au lieu de partir de l'immortalité de
l'âme pour expliquer la seconde vue, nous
croyons répondre aux vœux des hommes sérieux, en partant de la connaissance même de
l'homme. L'initiation cabalistique, base de la
théologie de tous les peuples qui ont jamais
existé en société sur un coin quelconque du
monde, reconnaît en l'homme un être immatériel, infini, invisible, nommé âme, unie par
une lumière subtile à une substance matérielle
nommée corps, être extérieur, fini, dégradé et
animalisé. De là, deux sortes d'actions en l'homme, les unes bornées et finies, opérées par le
corps ou matière finie, les autres, infinies et
illimitées opérées par l'âme, principe infini.
Toutes les initiations et les religions ont invinciblement tendu à faire en sorte que l'homme
agit, vit et pensa avec son âme, c'est-à-dire
d'une manière infinie, en faisant prévaloir
l'âme sur le corps. De là dans le christianisme,
deux séries d'action, les œuvres de l'esprit et

celles de la chair, et deux catégories d'hommes,
les fils du temps et les fils de l'éternité. Tandis
que, par une épuration successive, les fils de
l'éternité gravitent vers Dieu, les fils du temps,
par une corruption successive, se dégradent et
se laissent envahir par la bestialité. Le magnétisme, en engourdissant les membres, en étei-
gnant la vie des sens, en plongeant le corps
dans un sommeil factice et profond, suspend
momentanément la domination de la chair sur
l'âme, en sorte que détraquant pendant un certain temps l'organisme humain, il dégage l'être
intérieur, le galvanise par l'électricité humaine
du magnétiseur et en ouvre les yeux à la lumière. Alors, tandis que les yeux du corps à
vue finie et bornée sont fermés, les yeux de
l'être intérieur ou de l'âme, à vue infinie et il-
limitée se trouvent ouverts. Le somnambule,
qui, en cet état, se trouve momentanément mort
selon son corps, et vivant, selon son âme va pouvoir entrer en rapport avec le monde extérieur
sans le ministère des sens, ces organes grossiers
qui sont nécessairement limités dans leur opération comme tout ce qui est matière. Son âme,
dégagée de sa prison charnelle, entrera en

communion directement et sans agent intermédiaire avec la nature, avec les objets extérieurs, avec les idées intimes de l'homme. Aussi, pour le somnambule, il n'y a plus de distance de temps et d'espace; il peut voir dans les ténèbres, au travers les corps les plus opaques, car son âme, principe immatériel éthéré, universel, transperce les obstacles matériels avec plus de facilité que les rayons du soleil ne pénètrent le plus pur cristal.

Pour visiter le labyrinthe confus, inextricable du somnambulisme, il nous faut le fil d'Ariane; ce fil est la connaissance parfaite de toutes les parties qui constituent l'organisme humain. Les faits merveilleux de lucidité somnambulique ne semblent incroyables aux hommes de ce siècle, que parce qu'ils sont incroyants selon le cœur, borné selon l'intelligence, et que depuis longtemps ils sont les jouets d'une philosophie ignorante qui énerve les membres, abrutit les entrailles, ferme les yeux aux beautés célestes du monde des causes. Les phénomènes somnambuliques ont pour caractère l'indécision et la fugacité. Rien n'y est normal, rien n'y est constant; cela vient de ce que cette vue intérieure de l'âme n'est pas fixée.

Le somnambulisme n'est pas une science, c'est la porte d'une science, et cette science est l'hermétique philosophie qui, selon le témoignage du savant jésuite Kircher, a eu le glorieux privilége de passionner les plus grands génies des siècles écoulés. On a souvent voulu comparer les somnambules aux prophètes : la science admet volontiers que les prophètes et les somnambules sont des fous appartenant tous les deux à la classe des hallucinés. Cette sotte ineptie, revêtue du sceau de la science est aisée à réfuter. En effet, la supériorité du somnambulisme sur la folie est évidente, car, tandis que les fous sont doués d'yeux et d'oreilles qui leur apportent l'illusion et l'erreur, le somnambule entrevoit les objets cachés, les personnes absentes les plus éloignées; enfin, les évènements qui se passent avec une vue infiniment plus perfectionnée que les sens des hommes éveillés, limités et restreints par la matière. Le prophète est cependant de beaucoup supérieur au somnambule, car sa vue, au lieu d'être variable, est fixée et il voit avec une effrayante précision de détails les événements futurs. Chez le somnambule, l'âme est galvanisée, chez le prophète elle est vivante. Ce qui a nui au somnambulisme jusqu'ici, c'est la capricieuse mobilité de ses curieux phénomènes et nous ne croyons pas calomnier les magnétiseurs modernes, en affirmant qu'aucun d'eux ne soupçonne les lois de la fixation. On demande pourquoi les somnambules ne jouent pas à la bourse, à cela nous répondrons que les chiffres sautillant devant la vue vacillante du somnambule, un 6 qui cabriolerait, aurait pour lui une trompeuse analogie avec un 9. On a imprimé que jamais les somnambules n'avaient pu lire dans les académies, à cela nous répondrons d'abord que l'on n'a pas laissé concourir Alexis, ensuite que le docteur Burdin a laissé sans réponse cette lettre, qui lui a été adressée par Marcillet :

« Monsieur,

« Vous avez offert un prix au somnambule « qui lirait sans le secours des yeux, depuis il « m'a été assuré que vous aviez retiré ce prix ; « j'ose espérer qu'en l'offrant vous n'avez pas le « désir de jeter un défi à la science, mais bien « au contraire de l'encourager. En conséquence

« je vous prie, monsieur, de vouloir bien faire
« admettre mon sujet, Alexis, à une épreuve de
« lecture à travers les corps opaques, en pré-
« sence des membres de l'Académie désignés
« à cet effet.

« Agréez, etc.

« MARCILLET. »

Cette lettre est franche et loyale, mais un
peu téméraire, car il faut avoir en soi le feu sacré pour le communiquer, il faut être éclairé,
pour éclairer le somnambule. Or, l'Académie
peut avoir en son sein la lumière, mais elle refu-
sera toujours d'en faire part au somnambule dont
la lucidité frappe au cœur le matérialisme de ses
doctrines, en manifestant par des faits l'existence de l'âme. Mais l'âme galvanisée par le magnétisme, semblable à un fantôme, s'approchera
de leur fauteuil et frappant leurs têtes blanchies
dans une ignorance péniblement acquise, elle
leur criera : toi qui as passé ta vie à me nier, tu
en as menti.

IX.

Méthode facile pour produire les phénomènes magnétiques.

> L'état somnambulique, ou l'âme qui veille échappe à l'empire du corps qui dort, est une image de l'état de résurrection où l'âme vivante quitte le corps mort et paraît devant Dieu.

Nul spectacle au monde n'est plus propre à ramener à Dieu qu'une séance de magnétisme, où, sous le regard curieux des spectateurs, un homme, à l'aide de quelques gestes, souvent même d'un simple acte de sa volonté silencieuse, plonge dans un sommeil de mort le corps qui, subjugué par la force invisible d'une volonté étrangère, laisse l'âme se dégager de l'enveloppe charnelle des organes; car la lucidité, ou cet état où l'âme veille dans un corps endormi en faisant connaître les infinies propriétés de cet être invisible et puissant en miracles, que le Dieu qui a étendu l'azur du firmament sur toutes les

têtes, a créé dans tout être humain est un éclair
qui déchire les sombres nuages du matérialisme
et illumine par instant le monde du surnaturel.
Rien n'est plus facile que de faire entrer un
individu en état de somnambulisme, si sous
l'influence magnétique il a déjà été endormi.
Ainsi pour endormir et donner la lucidité à un
somnambule aussi exercé que le somnambule
Alexis, dont nous avons relaté les actes merveilleux de lucidité, il suffit de le vouloir ; aussi
Marcillet l'endort-il sans aucune peine ; malheureusement tout le monde n'est pas aussi sensible que lui à l'action magnétique et même parmi
ceux qui dorment, les uns ne voient rien, ne
disent rien ; d'autres, jouets d'incohérentes chimères, rêvent avec aplomb les plus ébouriffan-
tes absurdités ; dans leur ânerie pataude, au
lieu d'avoir des visions supérieures à la raison et
au sens commun, ils émettent les folies les plus
contraires aux vérités philosophiques et histo-
riques ; tout individu n'est pas doué de lucidité
et ne peut pas être endormi ; il faut habituellement qu'une altération dans un organe recevant
les nerfs du grand ympathique, vous per-
mette de détraquer pour un instant l'organisme

humain ; non seulement tous les somnambules
ne jouissent pas du même degré de lucidité,
mais tous ont, pour ainsi dire, un genre de lucidité différente : celui-ci a le don de voir les
maladies, celui-là celui de voir à distance et
à travers les corps opaques ; il en est de même
des magnétiseurs : les uns ont un éclat, un
rayonnement sympathique qui séduit, les autres
un regard, un toucher, qui guérit les malades ; celui-ci, étincelant de verve, produit l'enthousiasme ; d'un mot, d'un geste, il électrise ; c'est l'empereur criant à ses soldats : En avant ! la puissance
magnétique se développe par l'exercice. Pour
savoir si une personne est sensible à l'action
magnétique, il faut impressionner son front, ses
lèvres et son creux d'estomac par une influence
directe et magnétique, si vous obtenez le sommeil lucide, votre somnambule, en cet état, vous
initiera aux moyens les plus convenables pour
l'endormir et développer en lui la lucidité.
Tout homme est magnétiseur, mais tout homme
n'est pas somnambule.

L'homme possède en ses membres une électricité vitale qui les nourrit, les développe,
leur donne le mouvement et la force ; cette élec-

tricité se nomme fluide magnétique. Toute la science nommée magnétisme, consiste à connaître la nature de ce fluide et les différentes propriétés de son action sur les somnambules. Ce fluide étant invisible à nos sens, nous allons emprunter la vue de l'âme du somnambule Victor Dumez, c'est lui qui, endormi, nous analysera la nature de cette force mystérieuse, et nous dévoilera ce qui se passe en lui quand on le plonge dans le sommeil somnambulique, et comment en cet état il arrive à la seconde vue et à la connaissance des maladies et de leurs remèdes; dans notre précédent chapitre, nous avons avoué que le caractère constant du somnambulisme était la variabilité, et qu'il en était de la seconde vue comme des aérostats, enfants d'un siècle sceptique, qui errent çà et là indomptés et volages, sans autre guide que leur caprice, mais nous avons aussi constaté que les causes de cette instabilité qui rend le somnambulisme impropre à changer aujourd'hui la face du monde, tenait à ce que les magnétiseurs ne soupçonnaient même pas les lois de la fixation qui donne ici-bas la vie aux âmes. Pour nous, qui avons lu plus de quatre cents volumes

sur cette importante question, conversé ou été
en correspondance avec les plus illustres philosophes hermétiques, prêtres, francs-maçons,
bohémiens, cabalistes de ce siècle, nous
sommes arrivés chez le somnambule Dumez,
déjà bien formé par le vertueux M. de Guinau-
mon, sinon à une lucidité constante, du moins
à lui en donner la conscience, en sorte que
lorsque par une des causes indépendantes de sa
volonté, sa vue est vacillante et troublée, il
préfère remettre sa consultation à un autre moment que de donner une ordonnance médicale basée sur un diagnostic incertain. Nous
ajouterons que c'est dans les moments de
sa plus lucide clairvoyance que nous l'avons
consulté sur les graves questions qui nous
occupent aujourd'hui. Selon lui, l'âme est
unie au corps par un fluide très-subtil, impon-
dérable, sans siége particulier ; il circule dans
tous les nerfs et principalement dans le grand
sympathique, c'est l'étincelle de la vie; sa cou-
leur, visible seulement pour le somnambule
n'est pas toujours la même, sa nature est celle
du feu ou mieux de l'électricité ; son rayonnement est métallique, son éclat est toujours en

raison directe de la pureté ; le sang nourrit les
nerfs qui pousse ce fluide à travers le névri-
lème exalé à l'extérieur ; il forme autour de
chaque individu une atmosphère particulière ;
la moindre partie de ce fluide contient une
fraction de toutes nos autres parties, en sorte
qu'il est l'essence qui individualise les hommes
entre eux ; une émanation, quelque ténue, quel-
qu'imperceptible qu'elle soit, contient réellement et en vérité l'homme tout entier, en sorte
qu'une lettre ou une mèche de cheveux peut,
au besoin, remplacer le consultant, car pour le
somnambule, l'homme physique, l'homme moral, l'homme intellectuel est contenu dans la
moindre partie de cette quintescence vitale
nommée fluide magnétique. Le fluide est donc
la source de la vie, des forces, de l'attraction et
du mouvement ; c'est lui qui illumine d'une
douce clarté les yeux de l'homme bon, d'un feu
sombre ceux de l'homme méchant ; c'est encore
lui qui, produisant la physionomie, fait paraître en relief sur nos traits, nos pensées et nos
impressions intérieures. Voyons les principaux
résultats provenant de l'infiltration du fluide
dans les nerfs d'un sujet magnétique ; d'abord

l'insensibilité, car la sensation étant transmise au cerveau par le fluide magnétique qui circule dans les nerfs et étant perçue par les fibres nerveuses du cervelet pour produire l'insensibilité, il est seulement nécessaire d'empêcher que la transmission ou la perception de la sensation ait lieu ; or, toutes les fois que par l'action magnétique on introduit un fluide étranger dans les nerfs, on peut empêcher ce fluide primitif de transmettre la sensation ; ensuite, la guérison des malades, les passes magnétiques exercent une bienfaisante influence sur les malades, en rendant, par l'introduction d'un fluide vivifiant, le mouvement aux membres paralysés, en rétablissant l'harmonie du fluide en désordre, enfin, en chassant le fluide vicié et en le remplaçant par un autre plus pur.

Les presses, depuis cinquante ans, se sont fatiguées à imprimer des traités sur l'art de bien magnétiser. Nous n'en connaissons qu'un qui soit digne de fixer l'attention et de nous amener à l'état de pureté nécessaire pour que le rayonnement de notre essence dissipe avec succès les ténèbres de la maladie. Ce livre est l'Évangile.

Le somnambule ne se forme pas simplement

par quelques passes, il y a tout un régime à lui faire subir afin de développer en lui les dons surnaturels sous l'opération vivifiante de la grâce qui créera en lui un homme nouveau, car la grâce émane de Dieu lui-même. Dans l'antiquité, durant sept ans, l'initiation soumettait l'homme à un régime d'abstinence, de recueillement intérieur, de contemplation, dont le résultat était de l'amener à l'état d'extase en donnant la vie spirituelle à son âme; seulement, au lieu de faire des somnambules, êtres que l'esprit d'inspiration visite trop rarement pour produire aucun phénomène assez régulièrement normal, pour frapper au cœur l'incroyance et ouvrir violemment les yeux de l'impie devant l'éblouissante éternité de la vérité traditionnelle et révélée. Il formait les prophètes hébreux, les pythies à Delphes, les sybiles à Cunes.

Le sommeil lucide dans lequel le magnétiseur plonge son sujet, quelque fugace qu'il soit, laisse cependant apparaître par de larges échappées les vérités supérieures du monde surnaturel inscrites au fronton de tous les temples de toutes les religions des peuples du monde. C'est pour cela que nous voyons dans le lointain des siècles les plus savants philosophes prosternés devant les devins, les prophètes, les druidesses, les sybilles, les thaumaturges chrétiens. Le somnambulisme sans l'initiation cabalistique n'est qu'un météore qui passe rapide au-dessus de nos têtes, étonnant la raison mais ne laissant aucune conviction dans les âmes. Le somnambulisme démontre à nos sens que nous avons une âme en nous qui ressuscitera après la mort dans un état de lumineuse perfection, si par la pure moralité de notre vie nous l'avons assez sublimisée pour que sur les blanches ailes de l'amour elle s'envole en souriant vers la béatitude infinie.

La génération du XIXe siècle tourne le dos à la lumière et au paradis, car le scepticisme, en raillant les sciences occultes, a brisé le pont qui unissait la rive de la foi à celle de la raison; aujourd'hui que nous l'avons de nouveau reconstruit, nous le franchissons accompagné de ce glorieux bataillon d'artistes et de littérateurs qui se rient, drapés dans leur talent, des attaques envieuses de la bourgeoisie, car ils sentent qu'ils sont des triomphateurs qui montent au capitole d'un avenir immortel.

Nous avons démontré que le somnambulisme était un phénomène incertain et variable, nous tenons de plus à déclarer hautement que, développé par des prêtres, le magnétisme change son nom contre celui de thaumaturgie, le somnambulisme en celui de prophétie, et rentrent dans le domaine de la religion, où ils finissent par acquérir le degré de fixité nécessaire pour devenir des instruments utiles et honorés; en attendant il nous sert de champ de bataille pour en venir aux mains avec l'incroyante philosophie du siècle; c'est la tour la mieux fortifiée pour repousser les attaques du matérialisme; du sommet nous apercevons dans leur ensemble les institutions sociales et religieuses.

Nous assistons aux grandes convulsions qui bouleversent le monde et aux mouvements des idées. Il y a un mot qui retentit sympathiquement dans toutes les âmes qui souffrent, ce mot c'est : socialisme; par sa terminaison *isme* formé du superlatif latin *issimus*, il annonce une aspiration à un état social supérieur. Mais ce paradis terrestre que l'on place devant les yeux de tous ceux qui gisent dans la misère, l'abjection, n'est qu'une chimère délirante, si on ne connaît pas les causes qui ont détruit les lois d'harmonie primitive données à l'aurore de la création par Dieu aux hommes, afin de les rendre possesseurs de la souveraine béatitude pour laquelle il les a créés. Les mondes de lumière qui gravitent avec harmonie au-dessus de nos têtes en nous apprenant que le désordre n'est pas l'œuvre d'un Dieu infiniment parfait, nous révèlent que dans l'humanité l'anarchie est une insulte impie à la divinité; aussi les législateurs, les fondateurs de religion ont tous compris qu'en reliant les hommes à la divinité ils accomplissaient la plus sainte et la plus humanitaire des missions, en faisant succéder à l'état sauvage, état où les hommes se fuient les uns les autres ou à l'état barbare, état dans lequel ils se heurtent les uns contre les autres avec larmes et sang, l'état social, où ils s'unissent et s'aiment, afin de ne former qu'une famille de frères ayant au ciel un même père, qui est Dieu.

Ce qui fait que les grandes figures de ces civilisateurs, qui furent les instituteurs du genre humain se détachent dans la nuit des siècles sur un fond de lumière et de gloire, c'est que doués d'une parfaite connaissance de l'homme, d'une intuition infinie de l'avenir, ils établissaient un ensemble de doctrines ayant pour résultats : de transfigurer les enfants de ténèbre en enfants de lumière en les reliant à Dieu par la religion; de les unir ensemble tout en respectant la liberté individuelle par les liens d'une solidarité fraternelle nommée loi ; enfin, de les cultiver par une civilisation progressive nommée culte. Le but de tous les législateurs sacrés dans l'assujétissement des peuples, à certaines observances religieuses, à la célébration annuelle de certaines fêtes, était d'enfanter à la vérité et au bonheur une série de générations successives qui , par une correspondance nécessaire du temps avec l'éternité, devaient, après leur mort ressusciter, dans la lumière d'une éternelle béatitude.

Notre but, on le comprendra facilement, n'est pas aujourd'hui d'analyser les moyens identiques employés par tous les fondateurs de religion pour réaliser cette grande œuvre de la régénération sociale, mais d'initier à leur profonde connaissance de l'homme qui rendra tangible à toutes mains visibles, à tous les

12

yeux`, sensibles aux sens, les phénomènes de
seconde vue et qui de plus refoulera dans l'obscurité du mépris ce socialisme, si bien défini par
l'auteur des contradictions économiques quand
il le flétrissait du nom de rêverie de la crapule
en délire.

X.

Guérison des maladies par la médication somnambulique.

Il est impossible de diguer les courants
electriques de l'opinion publique.
ARTHUR DE LA GUÉRONNIÈRE.

Il y a dans l'air une multitude de niaiseries
et d'erreurs que tous les esprits de ce siècle ont
pour ainsi-dire respirée depuis leur naissance.
Ces contre-vérités ont d'ordinaire été émises
dans le dix-huitième siècle par la philosophie,
et l'intelligence paresseuse du public les pro-
clame aujourd'hui sans se donner la peine de
les examiner, afin d'en constater l'exactitude.
Pour nous, nous nous sommes toujours singulière-
ment tenus en garde contre ces axiomes, qui sont
sur toutes les lèvres, et que l'on nomme des
lieux communs ; car l'habitude de soumettre
toutes idées reçues à notre contrôle, afin d'en

vérifier la justesse, nous a démontré que toutes les banalités nommés lieux communs, étaient des préjugés. Déchirer des cartouches contre ce qui est généralement cru, c'est vouloir avoir raison contre tout le monde; en conséquence, c'est faire mettre en suspicion la sûreté de son jugement, car le public ne se laisse pas déposséder d'une erreur sans protester; en vous traitant d'esprit paradoxal, et en vous reprochant de ne pas avoir le sens commun. Aussi le courage le plus rare est celui de l'homme qui se pose bravement en face de l'opinion publique, et l'accuse d'une voix ferme, d'être en dehors de la vérité. Il faut que cet homme soit triplement cuirassé pour affronter ainsi les traits perçants d'un ridicule assuré. Pour nous, nous savions donc parfaitement, en nous faisant les spadassins des sciences occultes, reléguées dans le domaine de l'illusion et de la chimère, que nous serions certainement ridiculisés comme un de ces pauvres malades de l'intelligence, si nombreux dans les siècles de croyance, rêveurs éveillés qui attendaient après leur mort un autre monde et se sentaient animés d'une âme immortelle. Cependant, nous n'avons point

craint de faire publiquement profession de foi
en ces connaissances; car voici venir le flot
courroucé de l'avenir, qui enveloppera de sa
vague comme d'un linceul glacé, cette génération qui jadis raillait tout ce qu'elles avaient de
grand, de noble et de saint, et qui, maintenant
éplorée, pousse des cris d'effroi; mais il n'est
plus temps; car la vague qui les engloutira,
portera sur sa cime écumante l'arche sainte de
la vérité éternelle.

Parmi ces préjugés qui égarent l'opinion publique, il y en a un que nous avons tâché de
réfuter dans notre précédent ouvrage en démontrant que la laideur et la beauté étaient très dé-
pendantes de la volonté. Maintenant toute la
théorie qui va faire la base de ce livre, sera le
renversement de cette contre-vérité formulée en
cet axiome; nul n'a la science infuse. La capacité intellectuelle ou étymologiquement, la propriété que possède l'intelligence de contenir,
de comprendre, d'embrasser, est très-bornée
chez la généralité des hommes, en sorte qu'il
existe, en dehors de leurs connaissances un monde
scientifique dont il ne soupçonne même pas
l'existence; de même qu'il existe, invisible pour

la vue grossière des sens, une atmosphère d'invisible lumière dans laquelle nous vivons, nous nous agitons, nous sommes, et qui est la vie de l'intelligence, la flamme du cœur, enfin l'esprit universel du monde qui se manifeste aux hommes par ses divins bienfaits. Les savants, quand ils proclament avoir arraché à la nature ses secrets, ressemblent à ces géographes de l'antiquité, qui écrivaient sur leur mappemonde : Ici finit l'univers, *ibi deficit orbis*, sans se douter que dans cet espace, nommé par eux *vide*, il y avait deux fois plus de terre que l'on n'en connaissait de leur temps. Il y a des gens qui croient glacer l'ardeur de nos ardentes convictions, en proclamant qu'ils ne croiront qu'à ce qu'ils verront, qu'ils n'admettront que ce qu'ils comprendront fort bien. Mais nous, de notre côté, tant qu'une goutte de sang bouillonnera dans nos veines d'homme libre, nous ne prendrons pas pour limite de notre vue, leur vue bornée; pour modèle de notre intelligence, l'intelligence sans portée de ces matérialistes de la science, qui sont trop petits pour atteindre à la vérité éternelle, qui est Dieu. Les savants, sans convictions religieuses, ont depuis déjà trop longtemps la depotique prétention de faire voir avec leur vue faussée, penser avec leur cerveau incapable de concevoir rien de grand, de noble et de généreux, aimer avec leur cœur mort étouffé dans les étreintes immondes de leur vénalité quotidienne. Leur école, nous la dénonçons comme malsaine pour le cœur, l'esprit et le corps; il faut être idiots pour prêter l'oreille aux enseignements de ces hommes, qui aspirent à guider et à instruire l'humanité, et ignorent par qu'elle mystérieuse puissance, par quel merveilleux travail il est possible de donner au cerveau cette structure que le ciseau invisible de l'intelligence, a, dans le mystérieux silence de la pensée, sculpté dans le crâne des hommes qui traversèrent leur siècle, en l'éclairant de la brillante lumière de leur génie. La génération moderne, formée à l'école de tous les doutes par la philosophie du siècle, n'apprécie en amour que ce qui se voit et se palpe, malheureuse qui ignore les suaves voluptés que goûtent deux âmes qui s'unissent dans les nobles transports d'une passion, qui déjà n'est plus accessible à ses sens blasés. Ce ne sont pas les hommes cependant qui sont à plaindre, mais ces pauvres jeunes femmes, unies pour la vie à des êtres grossiers, qui ne sont plus que des sacs à pain et à viande ; car la femme mariée à un homme sans idéalité et sans croyance, est semblable à une perle incrustée dans du fer. Douce et pure victime, le front couronné de roses blanches et de fleurs d'oranger, elle ne se doute pas que les croyances si aimées de son enfance vont être une à une immolées par un de ces niais au rire stupide, qui bave une écume de fiel sur la religion, ses ministres, son culte, ses cérémonies et ses sacrements, le tout au nom des conquêtes de la raison sur la superstition. Nos lèvres n'ont pas un sourire moins spirituel que les leurs, nos yeux un regard moins intelligent, et cependant ce qu'ils nomment du nom de superstitions, nous le vénérons ; car derrière le voile du sanctuaire catholique, nous voyons transparaître la majestueuse lumière du visage de Dieu. Depuis trop longtemps, leurs rires impies retentissent ironiquement à nos oreilles, comme le sanglier qui fait volte-face contre les chiens qui le harcèlent. Nous nous tournons vers eux, ils ont voulu lutter contre Dieu et la vérité ; hé bien ! d'ici à dix ans le soleil se lèvera sur ces doctrines couchées ignominieusement dans la poussière de la défaite.

Sous l'action du fluide, le sujet sent un sommeil étrange engourdir ses membres, fermer ses paupières, envahir son corps, mais à mesure que la vie matérielle s'éteint, l'électricité du magnétiseur vivifiant momentanément l'âme du somnambule, développe en lui l'intuition et la sensitivité. C'est à l'aide de ces facultés animiques que le sujet magnétisé arrive à la connaissance des maladies et de leur remède.

Votre flui de, medisaitlesomnambuleDumez, auquel je demandai, dans son sommeil, comment il se trouvait, éclaire mon âme, et la fait rayonner à travers ma chair comme à travers une légère tunique. Actuellement, je puis pénétrer la matière et d'écrire l'état des organes internes des consultants avec la même précision que le médecin qui vient de faire l'autopsie d'un cadavre. Cette vue de l'âme, nommée intuition, est quelquefois vacillante, partant incomplète; alors elle ne peut distinguer l'intérieur des corps que comme au travers d'une carafe, cela arrive si le consultant est égoïste et

matériel ; en un mot, s'il rentre dans la classe
des profanes, nommés dans les écritures, enfants
de ténèbres ; car il met alors les ténèbres de
son intelligence dans l'entendement du somnambule et éteint la brillante clarté allumée
en son âme. Heureusement qu'à côté de ces
hommes froids et ténébreux, il existe, surtout
dans la jeunesse, des hommes qui joignent la
lumière de l'intelligence à la chaleur du cœur;
ces hommes qui ont en eux le feu sacré, n'ont
qu'à mettre leurs mains dans celles du somnambule pour augmenter en lui la rayonnante
clarté de la lucidité intuitive. A côté de l'intuition qui met à nu devant l'œil intérieur du
somnambule, les rouages mystérieux de la machine humaine, les secrets merveilleux de la
pensée et les liens d'une lumière sympathique
qui rayonnant doucement, et s'insinuant dans
les nerfs de deux êtres de sexes différents,
jeunes et beaux, les unissent dans une même
atmosphère, les attirent, les ravissent et les
fondent dans les étreintes d'un même amour ;
il y a là sensitivité. Tout somnambule sensitif
ressent en son propre corps toutes les douleurs
dont souffrent les personnes avec lesquelles il

entre en rapport. L'identification est telle, que ce n'est plus le somnambule qui vit, mais le magnétiseur qui vit en lui. Nous avons vu M. Derrien se faire tirer les cheveux dans une pièce séparée de celle occupée par la somnambule, et celle-ci aussitôt de se plaindre qu'on lui eut tiré les cheveux, et porter la main à l'endroit de la tête où l'on venait de tirer ceux de son magnétiseur.

Le caractère le plus constant du somnambulisme intuitif, est la variabilité ; aujourd'hui, semblable à ces femmes des contes arabes, traversant l'immensité des airs, montées sur un dragon ailé ou aux dieux des mythologies du Nord , parcourant l'espace , couchés sur la ouate voyageuse des nuages, l'esprit de votre somnambule porté sur l'aile de votre volonté, parcourra, avec une effrayante précision de détails, tous les lieux que vous voudrez lui faire visiter ; en vain le lendemain voudrez-vous lui faire entreprendre le même voyage , sa vue troublée ne saisira que des réalités mouvantes dans une atmosphère nébuleuse. Les phénomènes du somnambulisme sensitif ont une fixité infiniment plus constante, c'est pour cette raison

qu'Adolphe Didier a pu produire avec la somnambule Sarah, sa femme, des phénomènes de
transmission de pensée, de commandement ta-
cite qui, par leur presque constante réussite,
ont peu à peu triomphé des préventions d'un
public incroyant. Avant lui, dans cette même
salle Bonne-Nouvelle, Lassagne, avec la somnambule Prudence a réalisé, d'après le désir des
assistants, tous les types de la statuaire. Un jour
un de nos amis demanda à Lassagne de donner
à sa somnambule la posture et l'expression de
Marie au pied de la croix. Alors la pensée silencieuse de son ciseau invisible sculpta sa somnambule comme un marbre complaisant, il en
fit une statue qui, dans sa pose attristée et
dans son immense douleur, mêlée à une infinie
tendresse, rappelait les tortures du cœur de
Marie; quand, debout au pied de la croix, elle
voyait son fils unique expirer pour le salut du
genre humain. Le magnétiseur peut tromper à
son gré les sens de son somnambule par de
fausses perceptions; il peut, pour lui, changer
de l'eau en vin, et lui faire éprouver les mêmes
effets que s'il avait réellement pris cette bois-
son. La sensitivité est surtout utile, en ce

qu'elle fait connaître la maladie sans qu'une parole révélatrice ne sorte de la bouche du consultant, car le somnamuble éprouve réellement les mêmes douleurs que le malade qui implore son secours. Les somnambules, comme certains animaux, sont doués de la faculté de percevoir les différents fluides, partant de connaître les propriétés médicales des plantes. Aussi, lorsqu'en vertu de sa faculté sensitive, il est atteint momentanément de la maladie de la personne avec laquelle il entre en rapport, désireux de s'en guérir, il se transporte immédiatement dans une pharmacie ou autre lieu. Là, avec une sagacité intelligente, il indique les remèdes qui doivent le rendre à la santé, ce sont quelquefois des médicaments vendus par les pharmaciens ; mais le plus souvent, ce sont des herbes ou des baumes dont quelque vieille femme est dépositaire par tradition.

Jusqu'ici nous avons mis en lumière les magnifiques enseignements des mages et des hiérophantes de l'antiquité, touchant la vie de l'âme ; maintenant nous allons examiner les doctrines du médecin somnambule, touchant la vie du corps. Cet homme, voyant la science livrée aux erreurs et aux fausses interprétations, ne dédaigna pas de l'étudier et de se faire recevoir médecin ; car, sans haine pour les égarements de l'esprit humain, il comprenait que c'était du chaos de l'erreur qu'il devait faire sortir le monde de la vérité. La science et le somnambulisme se sont réunis en cet homme ; les deux puissances ennemies ont déposé leurs armes et se sont tendues la main en sœur ; elles se sont mis, de leurs doigts habiles, à façonner un être merveilleux. Le magnétisme a allumé en lui le feu de l'inspiration, et la science l'a baptisé du titre de médecin, afin de lui frayer un chemin vers la fortune et la considération ; car ce diplôme est un passeport qui permet de franchir une à une toutes les frontières qui sont encore fermées aux enfants de Mesmer. Nous demandions un jour au médecin Dumez qui, réveillé, relisait avec attention l'ordonnance que le somnambule Dumez venait de prescrire dans son sommeil, ce qu'il en pensait : « j'admire toujours, répondit-il, quand je suis réveillé, les prescriptions que j'ai ordonné pendant mon sommeil. » Le médecin reste

confondu devant le somnambule et avoue son
infériorité; ainsi, quelques signes mystérieux
faits sur le front d'un individu suffisent pour
fermer les yeux de son corps et ouvrir ceux de
son âme; en un mot, pour créer en lui un
homme nouveau, qui surpasse le vieil homme
de toute la hauteur qu'il y a entre la terre et
le ciel, le fini et l'infini; comme saint Paul,
foudroyé sur le chemin de Damas, par le coup
de foudre de la grâce, nous aspirons à créer
une légion d'hommes nouveaux; le monde nous
revêtira peut-être de la robe blanche de l'in-
sensé dont Hérode fit revêtir notre divin modèle
Jésus-Christ; peu nous importe, car nous ap-
prochons du jour glorieux où le souffle de l'esprit de Dieu fera tomber l'écaille qui couvre
les yeux des hommes de ce siècle, et les empê-
che de se rendre compte de la vue infinie d'une
âme dégagée de l'empire profane des sens.

Nous avons démontré comment, à l'aide de
la sensitivité dont le fluide magnétique doue le
somnambule, ce dernier éprouvait réellement
les effets de la maladie du consultant avec lequel il se met en rapport; nous avons signalé
aussi en lui la manifestation d'une nouvelle fa-

culté commune à certains animaux, la perception des essences, qui leur permet de discerner
la propriété des plantes propres à les guérir de
leur maladie. Maintenant il nous reste à mettre
en lumière l'invention d'un nouveau moyen
d'administrer les médicaments aussi ingénieux
qu'efficace, découverte d'une portée immense,
dont l'honneur revient au somnambule Victor
Dumez. Hippocrate, avant nous, a résumé les
prescriptions des *somniatores* ou somnambules
du temple d'Esculape à Épidaure. Nous mar-
cherons sur les traces laissées sur le sable de la
Grèce par sa marche immortelle; nous puise-
rons à la même source que lui nos enseignements; comme lui, enfin, nous apporterons
dans le laboratoire de la science la lampe divine d'une âme en qui brille la lumière de Dieu;
à sa clarté sacrée nous étudierons, dans le pieux
recueillement d'une silencieuse contemplation,
le jeu mystérieux des particules atomiques qui
se meuvent, se transmuent, se combinent, se
dissolvent sous l'influence occulte des forces
invisibles qui, régissant la matière, la conservent
par la santé ou la corrompent par les maladies.

Le scapel du chirurgien, n'ouvrant que des

cadavres, ne peut les initier aux mystères de la
vie, au mécanisme de la pensée, enfin à l'action curative d'une plante sur les parties souf-
frantes de l'être humain, il faut la subtile
pénétration de la vue somnambulique pour
contempler les altérations internes des organes
malades, et être en état d'y porter une main
bienfaisante qui éteigne l'inflammation et cica-
trise les plaies, arrête l'action envahissante du
principe morbide, par l'action opposée d'un
principe vital, en un mot, rende la vie victo-
rieuse de la mort. Quand la faculté de Paris eut
reconnu en Victor Dumez la connaissance parfaite de toutes les sciences qu'elle exige de ceux
qui aspirent à exercer la médecine au grand
jour, elle lui décerna le titre de docteur, grade
qui en l'élevant au-dessus des somnambules pro-
hibés, lui imposait le devoir de réhabiliter
cette classe d'êtres attaqués pour leur charlatanisme, ridiculisés pour leurs folles rêveries, en
montrant que c'était d'elle que devait venir aux
malades la santé, aux incroyants la foi, aux
désespérés l'espérance, à tous cette religion de
l'avenir qui courbera tous les fronts devant l'é-
blouissante majesté de Dieu. Il crut qu'il ne

pouvait employer d'une manière plus utile et plus sainte le don qu'il avait reçu du ciel, qu'en trouvant des remèdes encore ignorés, pour combattre avec succès les maladies devant lesquelles la science avait tristement reconnu son impuissance. Il commença, durant les longues heures de ses méditations contemplatives, à rechercher les moyens de régénérer physiquement l'humanité, tentative ridicule dans un homme vulgaire, mais raisonnable de sa part; car s'il faut les épaules d'Atlas pour porter le monde, il faut de même une parfaite intuition de l'avenir, pour oser entreprendre de doter les générations futures de la lumière et du bonheur.

Quand le coup de foudre de février eut incendié le fauteuil en bois doré; trône de la dynastie d'Orléans, il se passa un phénomène assez curieux et que Léon Gozlan, ce fin et spirituel observateur, nous fit remarquer. C'est que parmi les voix qui reprochaient à la République de les avoir ruinées, on entendait vibrer fortement la voix inconsolable des médecins, maudissant la République qui leur avait guéri leurs malades. En effet, une vie nouvelle était pour ainsi dire dans l'air et l'or de l'enthousiasme mêlé à la pourpre des veines, faisait circuler le sang avec héroïsme. En 93 les montagnards voulurent profiter de cet esprit d'ardent libéralisme pour organiser la fraternité universelle, mais en réalité ils n'aboutirent qu'à une fraternité inhumaine de têtes mutilées, qui s'embrassaient saignantes dans le panier de la guillotine. En février, une race de pâles désœuvrés, de vieux fainéants, de voleurs au teint laid et cadavéreux, de forçats flétris par l'infamie, en un mot, cette écume immonde qui paraît à la surface du flot populaire aux jours d'effervescence et de bouillonnement révolutionnaire, après avoir éteint ce noble enthousiasme dans le sang des journées de juin, vint en la personne de ces écrivains, un sourire de raillerie à la bouche se poser en face de ce peuple qui, dans l'ardeur juvénile d'un noble délire, ne pensait à demander à la révolution qu'il venait d'accomplir, que la liberté de se promener à la lueur des lampions, en chantant des hymnes patriotiques, et elle remplaça par la convoitise l'enthousiasme qui embrasait toutes les âmes d'un même amour, en proclamant que la révolution devait réaliser pour tous le bien-être ici-bas. Bientôt les auréoles de lumières qui brillaient au front des vainqueurs pâlirent, et tout rentra dans la vénalité, le positivisme et le doute, car le feu de l'enthousiasme venant du ciel par la religion, vivifie les cœurs, tandis que lorsqu'il monte de la terre par la politique, il brûle et dessèche les âmes. Cette crise favorable pour les malades, qui dura pendant les trois mois de passion populaire, Victor Dumez l'a analysée et réduit en un mode de médication curative, car le phénomène n'était pas dû à l'imagination comme le croit un vulgaire stupide, mais à l'action du milieu extérieur sur le sang.

Suivant une doctrine grandement probable, les maladies sont presque toutes héréditaires et découlent de trois sources principales, elles sont produites par trois principes contenus dans le sang : un principe psorique, qui, développé par des causes déterminantes souvent épidémiques, produit les maladies de peau ; un autre, névralgique, qui torture l'homme par des souffrances aigues ; enfin un principe syphilitique, qui couvre le corps d'affreux ulcères. Ces principes, neutralisés par la force de la jeunesse, se réveillent à l'automne de la vie, ébranlent et affaiblissent, sous le nom d'infirmités, l'organisme humain et clouent, durant les tristes jours de la vieillesse, l'homme sur un lit de douleur. Tout le système de la médecine somnambulique consiste à extirper ces germes funestes de maladie et à les remplacer par une électricité vivifiante, qui entretient dans le sang l'étincelle de la vie.

La médecine, avant lui, au lieu de faire pénétrer les remèdes immédiatement et sans agents intermédiaires dans un centre de sanguification les faisait pénétrer dans l'estomac, centre nerveux, où ils commençaient par exercer une action très-inopportune, souvent même dangereuse. Là, ils étaient pompés par la bouche des vaisseaux qui s'ouvrent dans l'intérieur du tube intestinal et finissaient par arriver dans l'oreillette droite du cœur, centre de sanguification. Mais malheureusement dans leur route détournée, ils avaient causés d'affreux ravages et perdu en partie leurs vertu curative. Entreprendre avec des moyens aussi imparfaits la grande œuvre de la régénération par la purification du sang, eut été le propre de la présomption, de l'ignorance et du délire; aussi, le médecin somnambule commença par substituer à ce mode erroné de médication, un autre plus simple, plus énergique et moins dangereux. Il fit construire un appareil très-ingénieux, à l'aide duquel il pût charger l'air respiré par le malade de principes médicamenteux; cet air parvient immédiatement dans le poumon, organe de sanguification où, à l'aide des remèdes dont il est saturé, il purifie le sang du germe de maladie qu'il contient. Ce mode si simple et si mécanique, présente non-seulement l'avantage immense de ne pas détruire les organes qu'il traverse avant de parvenir dans le sang, mais encore de guérir les maladies héréditaires et de les prévenir. Pour les maladies de nerfs, comme elles résultent habituellement de perturbations subies par le fluide, lien subtil et invisible entre l'âme et la matière. La médecine vulgaire, inhabile à les guérir, prit le parti de les traiter comme des rêves d'une imagination frappée. La médecine somnambulique pouvant percevoir le fluide nerveux, Victor Dumez, seul, reconnut la réalité de ces maladies, qui ne peuvent être combattues que par trois moyens : la distraction, le magnétisme exercé par un som-

nambule endormi, enfin par un traitement élec-
trique. Car l'aigraitte lumineuse qui s'élance
étincelante des différents métaux, possède seule
une influence curative sur un grand nombre de
maladies de nerfs désespérées. Nous venons d'en-
gager la lutte avec les corps savants, sans revêtir
la vérité des haillons dorés du charlatanisme,
nous avons opposé à la médecine matérialiste
du présent, la médecine spiritualiste de l'avenir,
nous n'ignorons pas que nous attaquons une
puissance formidable, mais nous croyons aussi
que le jour est venu où des hommes dévoués
à l'humanité doivent saisir en main le gouver-
nail du magnétisme repoussé jusqu'ici par les
vents contraires de l'opinion publique, et malgré l'orage des flots irrités, faire sillonner de
sa proue triomphante les eaux tranquilles du
port qui s'ouvre à l'horizon dans la lumière de
l'avenir.

XI.

Mystères de l'éternité entrevus par des extatiques somnambuliques.

> La vie est une échelle qu'on gravit! Le découragement c'est l'échelon qui se brise.
>
> ADOLPHE D'HOUDETOT.

> La puisssance attractive et charmante des femmes réside souvent dans la délicate fragilité de leurs membres, dans la languissante faiblesse de tout leur être.

Notre société porte au flanc une blessure saignante; cette blessure, c'est l'ignorance en matière de religion ; des lèvres béantes de cette plaie, s'échappe le plus généreux de son sang et la laisse pâle, caduc, sans force pour les luttes passionnées de l'amour. De même que les ténèbres de la nuit se dissipent au matin devant l'astre du jour, de même aussi, un soleil nouveau se lèvera souriant sur le monde; Dieu se manifestera dans la splendeur de sa lumière et les enfants du temps, transfigurés en fils de l'éternité, le connaîtront, l'aimeront et le serviront. Ce qui retient encore l'humanité dans le demi-jour du doute éclectique, c'est qu'elle n'est pas initiée aux mystères de la vie future, aussi le pauvre tient sa main calleuse levée sur la gorge du riche, prêt à l'étouffer, impatient qu'il est de s'étendre à sa place dans sa couche somptueuse. Qui a mis un regard d'hyène dans les yeux de ce malheureux? un sourire de damné sur ses lèvres? qui a mis dans son cœur une férocité de tigre? en un mot, qui a fait cet homme sinistre et menaçant? c'est l'incroyance et le matérialisme; car la main invisible qui ébranle encore maintenant les bases de la société, c'est la main de Luther, ce moine défroqué, qui, en s'attaquant à la tradition et à la révélation, a déchaîné contre la civilisation l'ouragan du rationalisme qui a tout bouleversé, tout soulevé et rien édifié; il y a encore des hommes assez ingénus de cœur pour s'étonner des souffrances qui torturent le monde social, esprits imbéciles qui ne voient pas que le flambeau de la raison est une torche agitée par le souffle de toutes les convoitises qui propagera dans l'univers la désolation et la mort. Crétins,

14

qui ne s'aperçoivent pas que le rationalisme, en fermant aux espérances des deshérités de ce monde le royaume des cieux, a nécessairement livré la propriété au pillage. Aussi notre but, en croisant le fer au nom de la tradition et de la révélation contre les défenseurs du rationalisme, c'est de restituer au peuple ces vieilles croyances, qui l'ont fait grand, noble et heureux. Les socialistes modernes aspirent bassement à se partager la terre; les socialistes de l'avenir aspirent noblement à se partager le royaume des cieux, seul digne des désirs d'hommes faits à l'image de Dieu.

Nous ne proclamons pas que le témoignage des extatiques somnambuliques soit une preuve irrécusable de l'existence d'une vie future, nous présentons seulement ces témoignages comme des symptômes rassurants; quand un peuple s'occupe de ses destinées éternelles et qu'il lève ses yeux vers le ciel, il ne les rabaisse jamais sur la terre chargés d'une férocité sauvage. Parmi les hommes de ce temps qui ont interrogé les grands mystères de l'éternité avec une plus persévérante opiniâtreté, se trouve au premier rang Alphonse Cahagnet, homme au

cœur dévoué et magnétiseur spiritualiste de
l'école Swedemborg. Cahagnet est un simple
ouvrier sans fortune, autrefois tourneur en chai-
ses, maintenant coupeur de cols de chemises.
Il y a quelques années, perché sous les toits
d'une maison sombre et à face austère de la rue
Tiquetonne, il découvrit que sa somnambule
entrait en commnnication avec les âmes des
trépassés ; alors le cerveau enflammé de la fièvre d'un enthousiasme facile à comprendre, il
demanda à sa somnambule de lui indiquer le
moyen de gagner sa vie en très-peu de temps?
sa somnambule lui donna alors le plan de sa
machine à couper des cols dé chemises. Rassuré
à l'avenir sur les éventualités de son existence
matérielle, il fit appel à tous les magnétiseurs
les engageant avec prière, à tourner la vue de
leurs sujets vers les régions supérieures et à pénétrer dans le monde de l'éternité, afin de dévoiler les arcanes de la vie future. Grand nombre de
magnétiseurs répondirent à cet appel et nous
avons lu leurs découvertes, véritables visions
d'un esprit malade, ridicules chimères d'une
intelligence égarée, rêves extravagants d'un
cerveau en délire. Cependant deux systèmes

nous ont paru dignes de fixer l'attention des esprits sérieux : le premier, celui d'Adèle Maginot, somnambule de Cahagnet, qui se borne à reproduire les idées de Swedemborg, sur la vie future avec talent et conviction ; le second, bien plus merveilleux est celui du docteur Duplanty, qui a reproduit complètement nos idées sur cette attachante matière ; suivant cet esprit éclairé, l'être intérieur ou l'âme, devant survivre au corps, l'homme doit consacrer tous ses soins à l'épurer par une vie de dévouement et d'amour, car, par une correspondance nécessaire entre le temps et l'éternité, qu'on retrouve dans toutes les religions et qui est la base même de la tradition, Dieu donne le temps de la vie aux hommes pour qu'ils préparent leur âme à réssusciter dans la gloire. Il y a tout un livre d'une formidable importance à écrire sur les moyens de parvenir au ciel. Nous nous engageons à publier ce livre, non sur le témoignage d'une somnambule, mais sur celui des plus illustres génies des fondateurs de religions. Dépouillant la vérité des voiles symboliques dont les révélateurs l'ont couvert tour à tour, nous lui tendrons la main pour l'aider à sortir du puits d'Hermès et nous montrerons à tous les yeux, dans sa splendide nudité, son beau corps de vierge.

La science de l'harmonie cosmogonique des mondes nous apprend que le Tout-Puissant a établi des liens de sympathie entre la mer et les mondes de lumière qui se balancent avec harmonie au-dessus de nos têtes. La science de l'harmonie sociale apprend de même qu'il n'est pas donné à l'homme de diguer le flot bouillonnant des révolutions qui monte menaçant, ni de l'arrêter dans ses furies orageuses, car une seule autorité peut calmer son courroux meurtrier, c'est la douce et bienveillante attraction des dogmes chrétiens, ces astres éternels qui éclairent la conscience et domptent les passions fougueuses de l'humanité. Ces dogmes ne sont pas d'ingénieuses fictions, c'est tout simplement la vérité traditionnelle sur Dieu, la nature et l'homme. La croyance à l'immortalité de l'âme n'est pas seulement un fait admis par l'universalité des peuples, c'est de plus la seule solution admissible du problème des destinées. Nous avons raconté qu'à l'exception de Cahagnet, grand nombre d'hommes, sans la

moindre notion de philosophie religieuse, à
l'aide de quelques signes dont ils ignoraient
parfaitement la portée, étaient devenus les témoins troublés des miraculeux phénomènes de
la vue à distance. Au lieu d'en tirer des consé-
quences invincibles en faveur de l'existence d'un
être infini nommé âme, renfermé dans le corps,
masqué sous l'enveloppe grossière des sens, et
de propager ce dogme dont tout dans l'histoire
de l'intelligence des religions et des philoso-
phies constatait l'existence, ils ont voulu s'en
servir pour s'enrichir; le charlatanisme l'ex-
ploita comme une ligne de chemin de fer, la
rêverie l'appliqua au plus singulier usage; elle
crut que le somnambulisme était appelé à remplacer la police par un espionnage universel,
sondant les replis des consciences, s'immis-
çant au sein des familles pour tout voir et tout
divulguer, mais Dieu ne permit pas que les
coupables projets de ces hommes vénales ou
stupides réussissent. Le somnambulisme a toutefois jeté des lueurs assez certaines sur l'organisme humain pour que les hommes vraiment désireux de se connaître pussent y parvenir d'une
manière complète. Aussi, depuis quatre ans un

grand mouvement s'est fait dans l'opinion religieuse; la jeunesse ardente et généreuse a
pris part à cette noble levée de boucliers contre
le matérialisme, et sur les chemins de fer, bâ-
tis par la rapacité et la fièvre de l'agiotage,
bientôt volera l'idée chrétienne, disant avec
vérité aux hommes politiques, aux spéculateurs
et à l'univers entiers : une seule chose est nécessaire ici-bas, vivifier son âme par la lumière
de la grâce, car sans la puissance attractive de la
grâce, l'âme ne gravite pas vers Dieu.

Dieu se révèle aux hommes par les lois d'harmonie qui unissent les astres de lumière dans
l'éther azuré du firmament, par la sublimité de
sa parole gravée sur les tables mosaïques, par
les attractions invisibles de la grâce, qui tour-
nent les âmes vers la divinité. Ces manifesta-
tions de Dieu dans le monde n'ont jamais cessé
d'exister depuis qu'il a prononcé le *fiat omni-
potens* de la création, seulement il est certaines
époques où les hommes, plus attachés aux choses
terrestres, sont en conséquence plus aveuglés et
ne voient pas Dieu en tout, partout et derrière
tout. Pour nous, fils d'une de ces époques
fatales où les hommes marchent dans les ténè-

bres, comme nos contemporains, nous errions à l'aventure ; notre âme gisait blessée, attendant que le samaritain de l'Evangile passât pour verser sur ses plaies saignantes l'huile de l'amour et le vin de la vérité ; nul samaritain n'est venu, mais Dieu, dans sa bonté, a rendu la clarté à nos yeux en nous envoyant, comme autrefois au père de Tobie, un ange de lumière ; cet ange, messager du ciel, qui a guéri notre âme de sa cécité douloureuse, c'est la femme. Tous les jours de pauvres et beaux jeunes gens qui ont versé dans les décevantes jouissances d'une volupté matérielle le plus généreux de leur sang, qui ont abruti leur cerveau par le vin, troublé leur raison en prêtant l'oreille aux rêveries du rationalisme moderne, jeté leur or au vent ainsi que leurs illusions, s'asseyent, ennuyés de la vie, sur la pierre du chemin, au milieu des ombres d'une nuit sans étoiles et d'un silence que n'interrompt que les sombres et douloureux accents des heures ; une blanche apparition de femme vient les trouver, elle approche tendrement son front de leur front, de sa douce main elle panse délicatement les blessures de leur cœur meurtri, rafraîchit d'un souffle em-

baumé leur tête brûlante de cette fièvre ardente
qu'on nomme le doute et manifeste à leur intelligence Dieu et son éternité ; car l'âme luit dans le
regard d'une femme croyante et cette atmosphère
subtile et pénétrante qui l'environne, cette
flamme douce et attractive qui caresse ces tempes, semblable à celle qui se jouait dans la
chevelure du jeune Iule et le léchait de sa
langue de feu, n'est qu'un reflet du charme
suprême et vainqueur, qui est en Dieu.

Moïse descendant du Sinaï, Zoroastre du Bord-
jah, Manou au bord du Gange, Orphée sur les
monts de la Thrace, révélèrent les mystères
des béatitudes de l'éternité par l'éblouissante
lumière qui auréolait leurs traits quand ils
retournèrent au milieu des hommes pour leur
apporter les paroles de la vérité éternelle que
Dieu venait lui-même de leur commander de
révéler aux hommes, même au péril de leur vie.
Aujourd'hui, au lieu de tenter une description
de l'éternité et de tracer avec quelques gouttes
d'encre sur une feuille de papier un tableau qui
exigerait un pinceau guidé par le génie du
divin Raphaël, nous nous bornerons à essayer
d'esquisser les émotions et les sentiments de

béatitude infinie que notre cœur ravi lisait avec délices sur les traits d'une jeune extatique qui, morte au monde et aux objets extérieurs, contemplait saintement les éblouissantes réali-tés de la vie future. Nous avons toujours aimé tout ce qui pouvait nous donner des nouvelles de cette patrie du ciel après laquelle nous aspirons, des renseignements sur cette volupté des cieux qui pénétrait doucement l'âme de l'apôtre saint Jean, quand il reposait tendrement sa tête sur la poitrine bien-aimée du Sauveur; enfin, sur l'extase de saint Paul, ravi au troisième ciel.

Il semblera ridicule à certains cerveaux bourgeois, qu'au XIXme siècle il se trouve un homme qui ait la singulière prétention de faire, pour ainsi dire, contempler l'éternité à travers la chair d'une femme, mais tout homme d'avenir comprendra que toute lumière qui éclaire les mystères de l'éternité est sainte, ensuite que montrer en la femme un reflet de Dieu, c'est la relever de l'anathème qui l'a lapidée durant tant de siècles, c'est imiter le Sauveur qui, ouvrant les bras, lui disait : ma fille.

C'est en fixant les yeux sur ceux ceux d'une

de ces douces et blanches créatures que l'on nomme femme que l'homme se civilise. Car le jeune homme est une cire molle dans la main d'une de ces fées au doux sourire qui, seule, par les avis que tempère la tendresse de son regard, peut le façonner et en faire ici-bas un être distingué sachant mourir en gladiateur de la liberté, porter coquettement et noblement l'habit noir et mettre sans regret sa bourse dans la main du pauvre. Quand l'homme approche sa tête câline d'une tête de femme, il subit une influence magnétique qui le fait brave, tendre et généreux. Le souffle divin qui fait les poètes au génie inspiré, et les penseurs à l'âme aimante, au front pâle, au regard tendre, aux instincts courageux, passe toujours par les lèvres rosées d'une jolie femme.

Une société riche en littérateurs et en artistes était réunie dimanche dernier dans un appartement à la rue de la Tour-d'Auvergne, chez l'illustre poète Victor Hugo. Une mystérieuse solennité, une imposante majesté règnaient dans le salon splendidement éclairé; l'attitude grave et réfléchie des assistants témoignait de leur respect pour l'étonnant spectacle qui allait leur être donné de contempler. L'attente fut courte, Mme Lafontaine, vêtue d'une robe de soie noire, parut conduisant par la main une jeune fille au teint d'une paleur mate, à la démarche timide, qu'elle fit asseoir dans un fauteuil près duquel elle se plaça en dardant sur elle son œil sombre et impérieux d'où jaillissait la lumière magnétique. Sous ce regard fascinateur, les membres délicats et fins de la jeune extatique tressaillirent et agitèrent la mousseline blanche qui les recouvrait, ses paupières palpitèrent, sa tête vacilla, se pencha languissamment sur sa poitrine comme un beau lys blanc au soir d'une journée d'été ; elle semblait plongée dans les profondeurs d'un sommeil étrange autant que puissant. Tout à coup, Adam, le célèbre compositeur, tira d'un piano placé dans un coin du salon de mélodieux accents.

La jeune fille se dressa à cet appel harmonieux, semblable à un fantôme arraché tout à coup au sommeil de l'éternité par une voix puissante. Elle s'avança soumise, obéissant irrésistiblement à la mélodie divine d'une incantation magique ; deux ou trois mesures de plus lui firent renverser la tête en arrière avec un

mouvement qui n'avait plus rien d'humain. Son
âme, ravie à la terre isolée de la matière, faisait
le sublime trajet du fini à l'infini, de la terre au
ciel, de l'homme à Dieu. Ses traits, illuminés
par une clarté céleste, rayonnaient d'une grâce
idéale. Tout son être, s'inspirant de l'harmonie
touchante de la prière de Moïse enlevé au
monde, semblait vouloir s'envoler, comme la
pieuse mélodie, vers la lumière incréée, et se
plonger pour toujours dans ce torrent d'ineffables délices.

Il nous faudrait les pinceaux de Raphaël, ce
peintre des cieux, pour traduire ce qu'il y avait
de douce suavité dans ces traits angéliques, de
beauté divine dans cette femme, arrivée au plus
haut degré de l'extase. Ses yeux, invinciblement
fixés vers un pôle invisible, perçaient les voiles
de l'inconnu; ils contemplaient ce que l'œil de
l'homme n'a pas vu, ce que son oreille n'a pas
entendu, les félicités indicibles que Dieu ré-
serve à ses élus. Rien ne peut rendre l'azur
éclatant de ces prunelles amoureusement tour-
nées vers la voûte céleste; ce regard qui ne voit
plus rien des choses d'ici-bas, qui transperce
l'atmosphère lumineuse de l'autre vie pour

15

aller à Dieu, tandis qu'un océan d'harmonie et de lumière enivre l'âme, qui déjà entrevoit dans l'éternité Dieu, entouré de ses anges comme d'une armée de soleils, rangée par ordre de lumière. Ses narines se dilataient, sa bouche s'entrouvrait avec une ardente langueur, et semblait s'écrier : Encore plus, Seigneur, encore plus ! Le désir du ciel était tel, dans la jeune extatique, que ses formes, grandissant dans les plis droits de ses vêtements, comparables à ceux du linceuil, on aurait dit une de ces statues des porches de cathédrale, qui, miraculeusement animée, avait quitté son immobilité séculaire, pour venir révéler les mystères de la vie future et faire apparaître sur ses traits séraphiques les félicités dont elle jouissait. C'est que son âme, pénétrant dans les tabernacles bien-aimés du Seigneur, écoutait dans le ravissement les anges modulant l'hosanna enchanté ; cette vue de l'éternité la transportait, et ses pieds raidis ne tenaient plus au sol que par les pointes ; on se croyait au fond des montagnes du Tyrol, en présence de l'extatique de Capriana. Son intelligence a compris la loi des formes, des nombres et de la solidarité qui

gouverne les mondes, les arcanes les plus secrets de l'avenir lui sont dévoilés; qui la déli-
vrera de ce corps mortel qui la prive de s'unir
à son Dieu? Elle a soif du martyre; ses bras en
croix, comme ceux de saint Symphorien, ap-
pellent les bourreaux; elle contemple avec
amour le glaive qui va briser les derniers liens
qui retiennent son âme prisonnière et l'empêchent d'aller se fondre en Dieu, son créateur
et son père. Pour la ramener sur la terre, Adam
fit gronder à son oreille le tonnerre et fit vibrer
le cuivre des trompettes du jugement dernier.
Alors, frissonnante de terreur à l'approche de
celui qui doit venir juger les vivants et les
morts; elle se prosterna humblement dans
un pieux recueillement; il y avait dans la
grâce soumise de ses mouvements, dans la
pieuse timidité de son attitude, dans la tendresse onctueuse de son regard, quelque chose
du sentiment qu'éprouvait Marie Madelaine, la
belle pécheresse, quand de ses blonds cheveux
elle essuyait les pieds divins de son bien-aimé
sauveur et maître.

Tout à coup elle se relève éblouissante de
valeur et de mâle fierté, en entendant la *Marseil-*

laise, son regard inspiré rappelait celui de ces courageux enfants de la patrie, que l'enthousiasme de ce chant guerrier arrachait à leur famille et précipitait au-devant de l'étranger, qui avait osé apparaître en ennemi à la frontière; elle semblait la personnification de cette liberté toute-puissante, qui fit donner à nos pères le nom d'hommes libres, car France signifie liberté. Son attitude audacieuse, son regard terrible rappelait celui qui brillait dans les yeux de cette jeunesse qui, il y a cinquante ans, sans pain, sans souliers, sans habits, fit battre en retraite les nombreux bataillons des rois coalisés et les pourchassa à travers l'Europe dans un de ces moments de passion ardente de foi invincible, d'extravagance sublime, qui sauve et crée les empires.

Tout ce qu'il y avait là d'hommes ayant au cœur le sentiment du beau était ravi et sentait pour ainsi dire le sang circuler avec héroïsme dans leurs veines, car la génération actuelle étouffe dans l'atmosphère étroite, pesante et bornée que lui fait le rationalisme et le matérialisme; elle est altérée de nobles aspirations, et toutes les fois qu'elle les voit apparaître sur les traits

d'une femme dont la chair est angelisée par les transports de l'extase, l'enthousiasme et la foi, elle les salue avec amour. Comme des plantes malades dans une atmosphère de ténèbres humides, la jeunesse tourne son regard vers l'Orient où se lève l'astre rayonnant de lumière et de vie; personne ne mettait en doute qu'elle ne fut endormie et les illustres assistants se souvenaient tous que Théophile Gauthier, qui a poussé si loin la perfection du style dans ses comptes rendus des théâtres, a écrit, après l'avoir vu dans une soirée, que si cette scène était jouée, cette jeune fille serait tout bonnement la première actrice de l'univers et en remontrerait à Malibran, à Rachel, à Taglioni, et à Carlotta Grisi.

Ces lueurs de la vie à venir, qui illuminent d'une si pure clarté les têtes d'anges et de saints du grand Raphaël, on peut les voir encore en ce siècle, poétisant les traits vivants d'une jeune fille révélant les ineffables béatitudes qui attendent l'homme au-delà du tombeau, car ces extatiques, le regard fixé vers la voute des cieux, contemplent cette patrie avec l'amoureuse tendresse du petit enfant de Virgile, qui reconnaît sa mère à son sourire.

Il y a bien quelque faces de voltairien qui grimaceront un qu'est-ce que cela prouve? Pour nous, un semblable spectacle jette une vive clarté et nous montre des horizons nouveaux au monde artistique, en nous démontrant une vérité que nous avons proclamée courageusement : c'est que la beauté, ce splendide vêtement de la civilisation, a été spiritualisée par le christianisme et qu'elle est au-dessus de la beauté ancienne, de toute la hauteur qui sépare l'âme du corps, le fini de l'infini.

Quand le Verbe, glorieusement ressuscité fut remonté au ciel, il envoya au monde l'Esprit-Saint, qui enflamma les cœurs, illumina les intelligences et anima l'immobile beauté des traits païens où se reflétèrent l'immortel éclat d'une âme régénérée par le sang d'un dieu crucifié.

XII.

La seconde vue, crue et expliquée par les plus grands génies.

> Nous, francs-maçons, nous éclairons, mais nous n'incendions pas.
>
> DECHEVAUX DUMENIL.

Nous avons fait comparaître le somnambulisme devant le tribunal de la conscience.

Nous avons flétri l'exploitation de cette science par le charlatanisme, déploré les erreures dangereuses des magnétistes, et montré à l'œil de l'intelligence de nouveaux horizons ouverts devant lui; non en disant croyez, mais en engageant à examiner.

Nous avons suivi ce conseil bienveillant que nous a donné Lamennais; nous avons évité de fatiguer nos lecteurs par les obscures théories d'une métaphysique ennuyeuse; car le temps en est passé pour toujours; cependant, nous al-

lons finir cette esquisse du somnambulisme en
faisant connaître l'opinion des plus illustres
intelligences sur cet étrange état, et en montrant qu'on peut avouer hautement sa croyance
à des phénomènes admis par les plus éclatants
génies des siècles écoulés. A l'abri de leur suf-
frage on peut, avec fierté, proclamer sa conviction au surnaturel d'une science qui est le terrain où tous les grands esprits de tous les
siècles et de toutes les nations se rencontrent.
Tous, par des chemins différents, sont venus,
les pieds en sang, la barbe inculte, les vêtements poudreux, heurter, de leur bâton de pé-
lerin, la porte du sanctuaire éternel où brûle
jour et nuit le flambeau de la vérité traditionnelle et révélée, afin de s'y reposer dans les
suaves jouissances d'une infinie béatitude.

Quand du sein tumultueux et bruyant de la
grande ville s'échappent mille voix confuses, il
en est, entre toutes, qui jouissent du privilége
d'être plus attentivement écoutées; ce sont celles
des novateurs modernes. Une maladie inouïe
s'est emparée des hommes de ce siècle; fièvre
ardente, elle a enflammé le cerveau de certains
fous d'un singulier délire, et leur a persuadé

qu'ils étaient appelés à perfectionner la société.
Cauchemar de sang, hallucination obscène,
rêve incendiaire, voilà les principaux symptômes qui caractérisent la folie de ces maniaques dangereux, qui, sans avoir la moindre
notion des grandes lois du monde des causes,
prétendent rebâtir l'édifice social et religieux
sur des plans conçus dans leur cerveau troublé.
On rirait de la présomption d'un homme qui,
sans aucune notion de mathématiques ou d'ar-
chitecture, aspirerait à bâtir un simple pont, et
on prête complaisamment l'oreille aux extrava-
gantes théories du premier niais, qui a, malgré
son ignorance, l'impudeur de vouloir réorga-
niser la société ; la vue affligeante de sembla-
blables divagations attache pour jamais notre
cœur à la tradition et à la révélation. Nous
étreignons d'une main énergique ce fil d'Ariane,
car le monde social est un terrible labyrinthe,
où il est impossible de ne pas s'égarer si l'on
n'a pas le fil conducteur qui est l'Initiation cabalistique. L'Inquisition, en brûlant les cabalistes sur le bûcher des chevaliers du Temple
et de la jeune et pure vierge de Vaucouleurs,
en jetant leur cendre aux vents a cru les

anéantir; mais les vents du ciel, qui portent à travers les airs embaumés les atômes amoureux des fleurs, nous ont conservé leur esprit héroïque pour défendre la société chrétienne des invasions du matérialisme avec autant de vaillance que les Templiers la défendirent jadis contre les disciples belliqueux du Coran.

Le principe fondamental de toutes les initiations de l'Orient, c'est que l'homme primitif ou adamique ayant été recouvert de chair et de peau par le péché, il faut le laver de cette chair fangeuse par l'eau, et redonner la vie à son âme en y portant l'esprit de lumière et de vie, de là les épreuves par l'eau et le feu. Dans les initiations modernes, le profane récipiendaire a les yeux couverts d'un bandeau noir, symbolisant les sens grossiers qui masquent la vue de l'âme; ce bandeau noir tombe quand au troisième coup de maillet du vénérable on lui insufle la lumière. Saint Jean-Baptiste disait : « Je vous baptise dans l'eau, mais voici venir celui qui vous baptisera dans le feu et l'esprit. » Le premier sacrement de l'Église est le baptême d'eau, tous les autres oignent votre front d'huile, afin d'entretenir dans la lampe divine de l'âme, le feu sacré qui est la vie spirituelle de la grâce; enfin le mot inspiré se décompose ainsi : (*spirare*, souffler l'esprit, *in*, dans.) Les mots de la langue se dressent d'eux-mêmes pour venir rendre témoignage de la vérité de notre parole.

Pythagore, cette noble intelligence qui arriva à la vérité en traversant les épreuves de l'eau et du feu dans les initiations de l'antique Orient, retiré avec quelques disciples dans les verdoyant esvallées de la grande Grèce, exprima dans des vers dorés cette vérité qui semble tombée de la lèvre inspirée du poète Orphée :

Quand ton âme, délaissant ce corps, rayonne librement dans
  l'éther,
Elle y jouit de l'infinie vision résultant de son immatérialité.

Platon se promenant un jour avec ses disciples sur les bords escarpés du promontoire de Sunium leur révélait en ces termes les vérités autropologiques de l'initiation : « L'homme, dans le principe, était un être spirituel ; c'est le péché qui l'a revêtu d'un corps mortel, en sorte que ce que nous voyons de l'homme n'est pas, à proprement parler, l'homme. »

Hyppocrate, le père de la médecine dont le

nom est si vénéré, dit que l'âme voit très-clai-
rement la maladie intérieure du corps et peut
en suivre le cours par avance.

Le juif Philon, contemporain du Christ, très-
versé dans la cabale et l'interprétation des
écritures, auteur de plusieurs ouvrages mystiques où les pères de l'église ont puisé grand
nombre d'inspirations sublimes, a écrit : « Quand
nous lisons dans la Bible que Dieu a parlé aux
hommes, il ne faut pas croire que leur oreille
ait été frappé d'une voix matérielle, mais c'est
l'âme qui, étant éclairée par la lumière la plus
pure, a rayonné vers Dieu à travers l'espace et a
conversé avec lui. »

Cicéron, l'illustre orateur romain dont le
nom est synonyme d'éloquence, rapporte un
fait qui démontre la force d'âme que les croyances cabalistiques donnent à l'homme. Alexandre ayant condamné un Indien a être brûlé vif,
ce prince assistait à l'exécution, Calamus,
monté sur le bûcher, s'écria avec enthousiasme :
« Oh! le beau départ de la vie, mon corps
détruit par les flammes va laisser mon âme
s'élever librement au séjour de la pure lumière. »
Alexandre lui demanda ironiquement s'il avait

encore à parler, — « oui, c'est que je te verrai bientôt. » Quelques jours après Alexandre mourait à Babylone.

Cette croyance cabalistique d'un être intérieur, infini, immatériel, revêtu d'une enveloppe matérielle et finie, nommée corps, a inspiré une des plus sublimes paroles de l'antiquité. Tandis que Nicocréon, tyran de Chypre, faisait broyer le philosophe Nearque dans un mortier, celui-ci calme et la lèvre souriante de dédain lui criait : « Ce n'est pas Nearque que tu broyes, mais la vile écorce qui l'enveloppe. »

Toutes ces autorités sont puissantes, la postérité a déposé sur la tête de ces génies la couronne d'une immortalité assurée. Cependant voici venir Jésus de Nazareth, penseur sublime, orateur entraînant ; sa chevelure blonde tombe sur ses épaules, son regard a un charme secret qui touche les cœurs, une atmosphère subtile d'enivrantes clartés l'environne et s'empare de tous ceux qui l'approchent et les convie à le suivre dans le chemin du ciel ; sa figure rayonnante des célestes lueurs de la divinité, pâlit soudain la lumière de celle qui brillait avant lui sur la scène du monde. Il va nous initier

16

aux mystères de l'organisme humain, nous apprendre comment la créature peut entrer en communication avec son créateur dans le temps et dans l'éternité, sa parole est la parole même de Dieu.

Un sénateur juif, nommé Nicodème, désireux de connaître les mystères cachés de la nature humaine et les moyens d'entrer dans le ciel, s'en vint une nuit trouver Jésus et lui dit : Maître, nous savons que vous êtes venu de la part de Dieu pour nous instruire comme un docteur, car personne ne saurait faire les miracles que vous faites, si Dieu n'est avec lui. Jésus lui répondit : « En vérité, je vous le dis, que personne ne peut entrer dans le royaume de Dieu s'il ne naît de nouveau. » Nicodème, entendant cette magnifique réponse, qui renferme à elle seule la véritable solution de l'important problème des destinées éternelles, fit cette observation d'une si ingénue niaiserie que depuis, son nom est devenu synonyme d'idiot. Il lui dit : Comment peut naître un homme qui est déjà vieux, peut-il rentrer dans le sein de sa mère pour naître encore? Cette répartie ne semble-t-elle pas tombée des lèvres préten-

tieuses de Voltaire et de Dupuis, philosophes
privés du sentiment du surnaturel qui, en argu-
mentant contre les paroles du Christ ou en les
commentant, ont mis à nu une si mince intelligence, que comme Nicodème, à jamais embaumés dans leur sottise, ils passeront à l'immortalité? Jésus, plein de bonté, expliqua à son
stupide interlocuteur sa pensée en ces termes :
« En vérité, en vérité je vous le dis, que si un
homme ne renaît de l'eau et de l'esprit saint il
ne peut entrer dans le royaume de Dieu. Nicodème ne comprit pas davantage et lui dit :
Comment cela peut-il se faire? » Quoi, s'écria
Jésus, vous êtes maître en Israël et vous ignorez
ces choses? » En effet, l'ignorance de l'organisa-
tion cabalistique de l'homme dans un juif par-
venu au grade philosophique de la maîtrise
serait inexplicable, si les grands mystères de la
nature divine, humaine et physique ne demeu-
raient, malgré toutes les vulgarisations, incom-
préhensibles à toutes les intelligences sans
capacité.

La première naissance pour l'homme est
l'acte d'excoriation par lequel il sort du sein de
sa mère, la seconde est pareillement un acte

d'excoriation par lequel l'âme ou l'être intérieur sort de l'enveloppe charnelle dont il est revêtu, dépouillé par l'eau, et extrait et vivifié par cet esprit de lumière et de vie, que le Christ nomme tout simplement l'*esprit*, et que l'on nomme aujourd'hui le fluide magnétique, nom passablement impropre mais qui est seul en usage.

Saint Paul dit aussi que nous sommes sauvés par l'eau de la renaissance et le renouvellement du saint esprit; en effet, ce souffle enflammé, cette électricité lumineuse, cet esprit régénérateur, ont été vénérés de tout temps comme la clef invisible qui ouvre à l'âme le monde de l'avenir, aussi au *Credo*, chante-t-on, *in spiritum sanctum qui locutus per prophetas*, je crois en l'esprit-saint, qui a parlé par les lèvres des prophètes; parole qui résume notre conviction, et ce livre, qui fera de nous un objet de risée pour un monde sans foi et sans souci de savoir ce qu'il est, d'où il vient, où il va.

Les pères de l'Eglise, le grand Tertulien, le docteur Albert le Grand, aussi habile théologien qu'illustre magicien, saint Thomas-d'Aquin, son disciple, enfin St-Grégoire le Grand, s'expriment en ces termes : « L'âme, à l'approche de la mort, connaît à l'avance certaines choses futures, à cause de la subtilité de sa nature. »

Shakespeare, le plus illustre poète tragique de l'Angleterre, avec l'œil perçant du génie, a sondé les mystérieuses profondeurs du sommeil et explique dans Macbeth la seconde vue somnambulique en ces vers, qu'Emile Deschamps traduit ainsi :

> En souverain, jaloux de son pouvoir suprême,
> L'âme des plus éteinte fait l'office elle-même.

Le père Lacordaire, qui depuis douze années poursuit une vaste apologie du christianisme dans la langue des grands écrivains de ce siècle, trouvant l'arme du magnétisme dans les mains de ses adversaires, la leur arracha et s'en servit pour les disperser, en donnant cette loyale explication du somnambulisme : « L'âme, plongée dans le sommeil magnétique, parvient à échapper aux liens terribles de la chair ». et il est un axiôme incontestable en métaphysique, c'est que l'âme, étant immatérielle, ne peut être limitée par des obstacles matériels de temps et d'espace.

Alexandre Dumas, ce romancier dont le cer-

veau fécond, semblable aux terres du Nouveau-
Monde, pays de ses aïeux, enfante sans culture
des productions plus vigoureuses que celles qui
croissent sous le pâle soleil de notre froide
Europe, a écrit ces lignes remarquables à propos
de la seconde vue des diseuses de bonne aventure : « La misère et les privations remplacent
le fluide, qui est un moyen de dégager l'âme du
corps et de la dépouiller de ses liens terrestres
et matériels; une fois qu'elle les a rejetés loin
d'elle, des horizons inconnus s'ouvrent devant
sa vue. »

Voilà un passage d'Alphonse Esquiros qui
résume, pour ainsi dire, l'opinion des auteurs
sublimes cités précédemment :

« Le sommeil lucide auquel le magnétisme
donne naissance, est comme une esquisse et
une ébauche de notre perfection à venir, l'individu plongé en cet état revêt passagèrement
des yeux et des oreilles célestes, à l'aide peut-
être de sens incorruptibles enfermés dans nos
sens périssables comme dans un étui. Il saisit
une foule d'impressions que nos sens éveillés
n'atteignent pas; le principe moral de l'être
masqué dans l'état actuel des choses, par l'im-

perfection des organes auxquels il est lié, semble agrandir tout à coup ses rapports avec le monde extérieur et franchit les limites de temps et d'espace ; il découvre ce que les autres yeux ne découvrent pas, ce que les autres oreilles n'entendent pas, en un mot, dormir pour lui c'est voir. »

Tous les grands génies ont cru à l'existence d'un second être doué d'une vue infinie emprisonné en l'homme ; la théologie l'a nommé âme, la Cabbal, être primitif ou adamique. Sans cette croyance, l'initiation, les oracles, les prophéties, sont d'hypocrites institutions établies pour gouverner le peuple en faussant sa raison, en hallucinant ses sens par un mirage trompeur. Repousser la tradition et la révélation, c'est accuser les instituteurs du genre humain de jonglerie, c'est le crachement grossier du soldat romain sur la face vénérée du Christ. Nous avons vu le somnambulisme poussé par le souffle indompté de la passion, tantôt à la cîme des flots, tantôt au plus profond des abîmes. Mais, impassibles, nous n'avons pas craint de le voir pour toujours enseveli sous les grandes eaux de l'oubli, car il porte avec lui le dogme éternel de l'immortalité de l'âme, magnifique espérance des générations. Les francs-maçons, qui ont conservé le fil d'or de la tradition, ne doutent pas que la foi ne soit rallumée dans l'âme des peuples. Tous les hommes versés dans l'étude des écritures et des livres saints, connaissent assez parfaitement le monde des sciences occultes pour savoir que la lumière magnétique, qui n'est encore qu'un reflet vacillant, qu'une lueur tremblante, inquiètera un jour l'homme assis dans les ténèbres de l'incroyance, plongé dans le matérialisme des sens; déjà chaque phénomène constaté est un pas qui amène une phalange nombreuse d'adeptes enthousiastes, qui viennent grossir le bataillon sacré de ces hommes courageux que l'on n'enrôle pas contre le rationalisme avec des pièces de vingt sous ou des verres d'eau-de-vie, mais en leur montrant la réalité bienheureuse de la vie future et en ouvrant leurs oreilles à cette voie des générations qui redit d'âge en âge à tous les échos : « Gloire et honneur aux gladiateurs de la vérité qui sont tombés en combattant pour la justice; leur lèvre pâle, décolorée, souriait quand leur regard voilé par la mort entrevoyait l'éternité.

Pour nous, l'œil fixé vers l'horizon de l'avenir, notre dernier mot sera un cri de triomphe; semblable au coursier, qui, de ses dents victorieuses a brisé l'acier de son mors, nous aspirons avec amour le soufle orageux de l'avenir, qui dissipera les vapeurs impures et sanglantes du passé et fécondera le germe des idées généreuses.

Jadis il y avait en France un monstre tout puissant, nommé le rationalisme, qui, semblable au Procuste de la fable, étendait sur le lit étroit de la raison les croyances surhumaines de la révélation et les mutilait impitoyablement; un nouveau Thésée est né, il vient de le saisir à la gorge, quand il rouvrira la main qui l'étreint, la terre gémira sourdement sous le poids d'un cadavre étranglé.

Jadis il y avait en France des systèmes nommés matérialisme, scepticisme et éclectisme qui, par leurs enseignements perfides, formaient des générations sans croyance. La jeunesse s'est

laissé, comme Hercule, revêtir de la tunique du
centaure Nessus ; mais courageuse, elle arrache
maintenant avec les lambeaux de sa chair saignante cette robe fatale qui adhère à ses épaules; elle cherche, d'un œil plein d'éclair et de
furie, les meurtriers des âmes qui l'en ont en-
veloppé, afin de les plonger à jamais dans les
grandes eaux de l'oubli.

Dans ce temps de scepticisme, d'apostasie et
de doute, on nous demande naïvement si nous
croyons réellement à l'existence d'une âme immortelle. Voici notre réponse : « Si jamais notre
plume écrit une ligne contraire à cette vérité
primordiale, nous consentons à avoir la main
coupée, le cœur arraché, et que notre mémoire
soit en exécration à tous les hommes d'honneur,
de croyance et de dévouement, comme celle
d'un vil renégat. »

Nous ne sommes pas méchants, nous aimons
la vue des fleurs, le chant des petits oiseaux,
doucement pelotonnés dans un duvet moitte et
soyeux. Le sourire d'une femme, le baiser d'une
mère, la pression de main d'un ami nous donne
du bonheur pour tout un jour, et cependant il

nous arrive souvent d'avoir le sang au cerveau, la rage au cœur, des griffes de lion aux doigts, c'est que nous aimons jusqu'à la passion et l'énivrement tout ce qui est faible, inoffensif et souffrant dans l'humanité; les femmes et le peuple. Aussi nous ne pouvons voir d'un œil indifférent le pauvre se tordant de douleur sur le grabat du doute et de la misère, sans qu'aucun homme, au cœur croyant, ne vienne remplacer en son âme le désespoir par les espérances éternelles.

Nous ne pouvons voir sans tristesse, une femme, blanche et douce créature, unie par contrat à un homme sans croyance, partant sans poésie, sans amour (car pour aimer il faut croire à l'immortalité de l'âme); colombe au flanc meurtri, elle saigne d'une blessure que notre siècle positif ne comprend pas. Le mariage, pour elle, c'est le sac où les Romains enfermaient une vierge chrétienne avec une vipère aux enlacements glacés, aux baisers venimeux; nous descendons alors dans la vallée des larmes, nous y pressons la main, baisons le front fiévreux de tous les infortunés, afin de ré-

pandre parmi eux, comme une salutaire con-
tagion, les croyances de notre cœur en une vie
future.

PERFECTIONNEMENT PHYSIQUE [1]

DE LA RACE HUMAINE,

ou

MOYEN D'ACQUÉRIR LA BEAUTÉ,

D'après les procédés des mages de Caldée, des philosophes hermétiques d'Albert-le-Grand, et des principaux thaumaturges des
siècles écoulés.

Par HENRI DELAAGE.

Malgré l'étrange singularité de ce titre, qui semblait
devoir faire réprouver cet ouvrage par l'opinion publique
comme une rêverie d'un cerveau en délire, les journaux :
*les Débats, le Constitutionnel, la Gazette de France,
l'Assemblée Nationale, le Corsaire, le Charivari, l'Estaf-
fette, le Dix Décembre, l'Événement*, ont daigné s'en
occuper. M. Théodore de Bauville, le poète bien-aimé de
la jeunesse, et M. de Premarey, critique très-influent
dans le monde dramatique, en ont parlé dans leur feuil-
leton de théâtre ; M. Arthur de la Guéronnière, l'un des
plus éminents publicistes des temps modernes, qui, par
la noble élévation de ses généreuses pensées et la magnifique poésie de son style, marche sur les traces de
Chateaubriand : M. Hyppolyte Lucas, l'un des noms les
plus illustres de la littérature actuelle ; M. Cabanis de
Courtois, jeune critique d'un haut mérite : M. Félix Mor-

---

[1] En envoyant un mandat de *deux francs* sur la poste, à LE-
SIGNE, éditeur, 49, galerie Vivienne, on reçoit *franco* cet ouvrage.

nand, écrivain étincelant d'esprit et de verve; Enfin
M. Belliard, journaliste à l'âme élevée, au style sympathique, lui ont consacré un long article dans *la Presse*,
le Siècle, *l'Opinion Publique*, *l'Illustration*, *le Journal
des Villes et Campagnes*; le père Lacordaire et l'abbé
Pintaud, deux des plus beaux talents oratoires du clergé,
nous ont écrit chacun une lettre, pleine d'encouragements, lors de l'apparition de cet ouvrage; enfin les
nombreux lecteurs, qui ont voulu se transformer d'après
nos procédés, ont tous réussi et reconnu la vérités de nos
assertions.

Nos livres, qui se succèdent rapidement, n'ont pas
seulement pour but d'initier aux mystères de la nature,
de l'homme, de Dieu, et de développer les attractions
passionnées entre les différents sexes, en donnant à l'humanité un corps beau et charmant, un cœur loyal, une
intelligence sublime et inspirée; mais surtout de se pré-
préparer dès cette vie de l'âme, et de la vivifier par la
grâce, en sorte qu'après sa mort elle soit assurée de ressusciter dans la pure lumière d'une infinie béatitude.

FIN.

TABLE DES MATIÈRES.

—o⊙⊙o—

Paris — Imp. d'Ad. Blonddeau, rue du Petit-Carreau, 52.

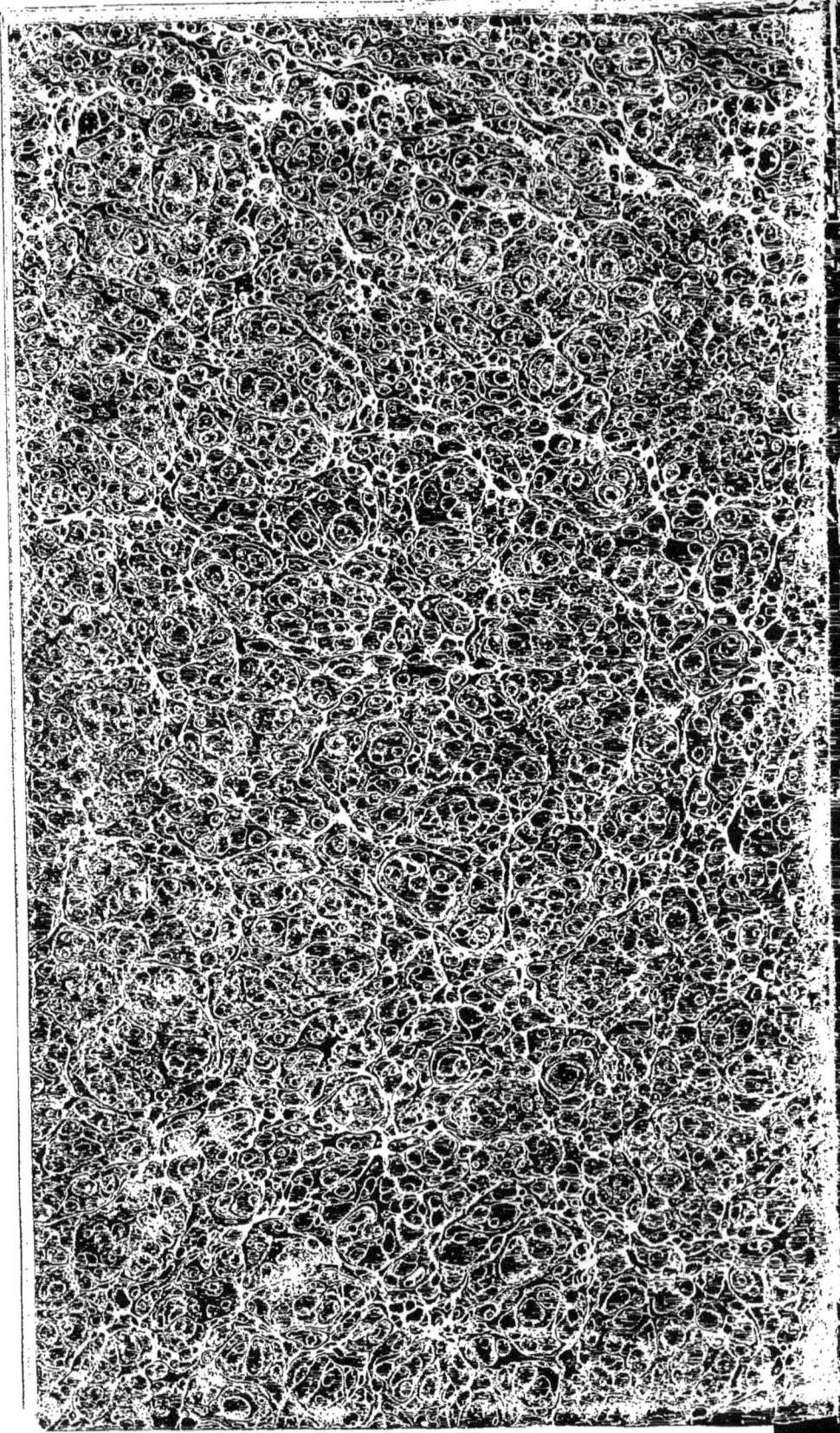

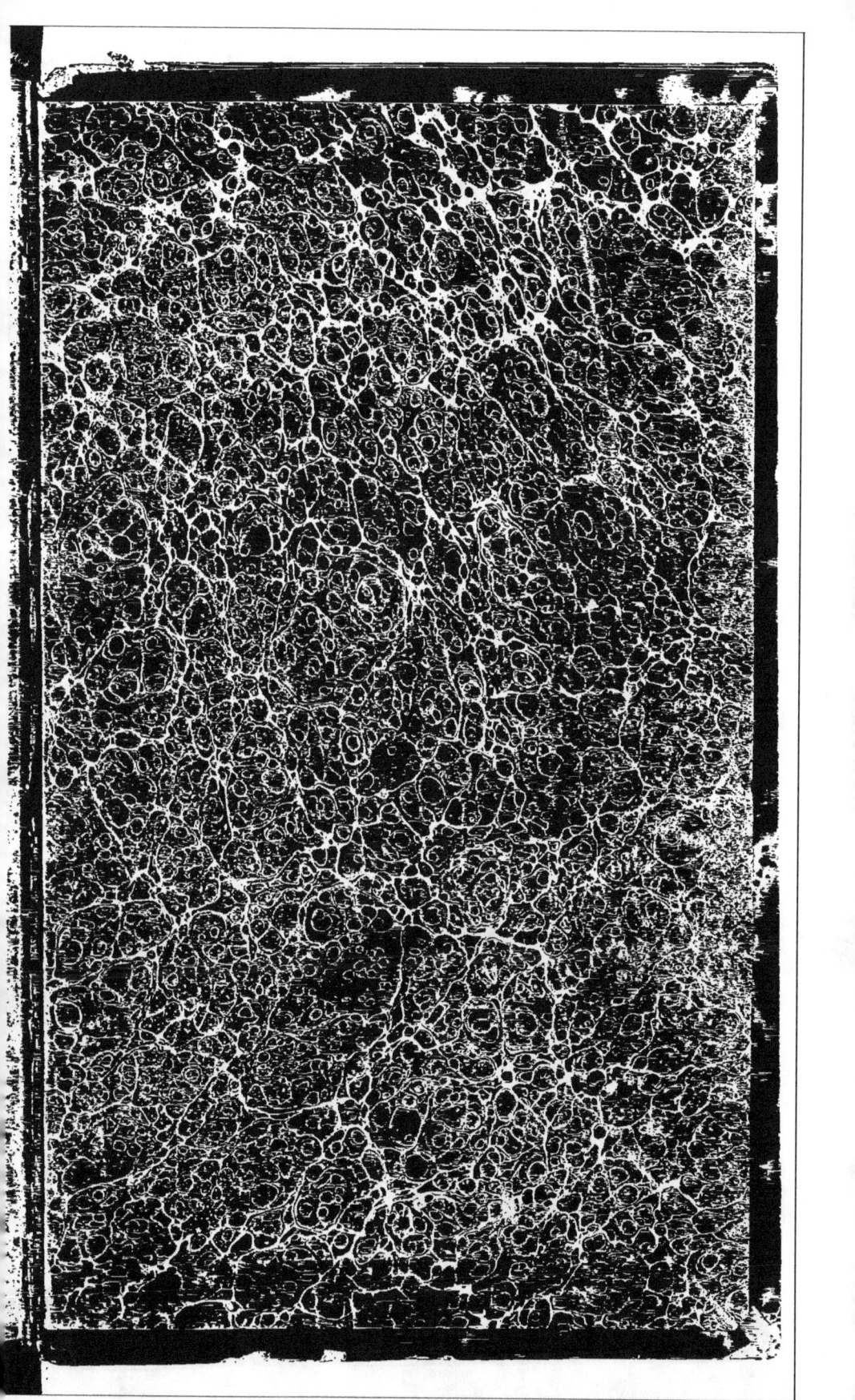

www.ingramcontent.com/pod-product-compliance
Lightning Source LLC
Chambersburg PA
CBHW070545200326
41519CB00013B/3123